Python 神经网络

入门与实战

王凯 编著

Introduction and practice of
Python neural network

北京大学出版社
PEKING UNIVERSITY PRESS

内 容 简 介

本书从神经网络的基础知识讲起,逐步深入到 Python 进阶实战,通过对各种实用的第三方库进行详细讲解与实战运用,让读者不但能够更加深入地了解神经网络,而且能够简单高效地搭建自己的神经网络,即使没有专业背景知识也能轻松入门神经网络。

本书分为11章,涵盖的主要内容有神经网络概述,神经网络基础知识,计算机程序的特点,神经网络优化算法,搭建 Python 环境,Python 基础知识,深度学习框架 PyTorch 基础知识,NumPy 简介与使用,OpenCV 简介与使用,OS 遍历文件夹,Python 中 Matplotlib 可视化绘图,Lenet-5、AlexNet、VGG16 网络模型,回归问题和分类问题,猫狗识别程序开发,验证码识别程序开发,过拟合问题与解决方法,梯度消失与爆炸,加速神经网络训练的方法,人工智能的未来发展趋势等。

本书内容通俗易懂,案例丰富,实用性强,特别适合神经网络的零基础入门读者阅读,也适合 Python 程序员、PyTorch 爱好者等阅读。

图书在版编目(CIP)数据

Python 神经网络入门与实战 / 王凯编著. — 北京 :北京大学出版社,2020.11
ISBN 978-7-301-31629-0

Ⅰ.①P… Ⅱ.①王… Ⅲ.①人工神经网络 – 软件工具 – 程序设计 Ⅳ.①TP183

中国版本图书馆 CIP 数据核字(2020)第 179014 号

书　　　名	Python神经网络入门与实战	
	PYTHON SHENJING WANGLUO RUMEN YU SHIZHAN	
著作责任者	王　凯　编著	
责 任 编 辑	张云静　王继伟	
标 准 书 号	ISBN 978-7-301-31629-0	
出 版 发 行	北京大学出版社	
地　　　址	北京市海淀区成府路205号　100871	
网　　　址	http://www. pup. cn　　新浪微博: @ 北京大学出版社	
电 子 信 箱	pup7@ pup. cn	
电　　　话	邮购部 010−62752015　发行部 010−62750672　编辑部 010−62570390	
印 刷 者	河北涿县鑫华书刊印刷厂	
经 销 者	新华书店	
	787毫米×1092毫米　16开本　15.5印张　352千字	
	2020年11月第1版　2020年11月第1次印刷	
印　　　数	1−4000册	
定　　　价	69.00元	

神经网络技术有什么前途？

　　长久以来，关于人脑的奥秘一直吸引着许多研究学者的目光。随着人脑科学家坚持不懈的努力，人们对于人类大脑的认识不断增强，并根据人脑神经元的连接构建出一种能够模仿人类智能的模型——神经网络模型。

　　神经网络模型在被创造之初并没有受到许多科学家的重视，因为当时计算机技术并不发达，无法对稍微复杂一点的神经网络进行训练、测试及运用。但随着计算机技术的快速发展，无论是计算机硬件还是软件在近几年来都有了质的飞跃，神经网络技术也因此迎来了发展的春天。无论是智能手机、智能电视、智能音箱等智能生活产品，还是无人配送车、机器服务员等智能服务产品，处处都能见到神经网络技术的应用。

　　神经网络技术不能完全等同于人工智能，但它却可以称得上是人工智能的最核心技术。人工智能作为新一轮产业变革的核心驱动力和引领未来发展的战略技术，受到了国家的高度重视。2017年，国务院发布《新一代人工智能发展规划》，对人工智能产业进行战略部署；在2018年3月和2019年3月的《政府工作报告》中，均强调要加快新兴产业发展，推动人工智能等研发应用，培育新一代信息技术等新兴产业集群来壮大数字经济。此外，国家的人工智能人才培养计划也在不断完善，许多高校开始增设人工智能专业以满足国家对于人工智能方面人才的需求。

　　随着神经网络技术的不断发展，人工智能必然会逐步替代人类从事大部分烦琐重复的劳动，在给人们带来福利的同时也带来了巨大的挑战，人才需求将会发生巨变，许多人将会面临"被失业"的风险。就目前来说，人工智能经过了几年曲折的发展，已经逐渐进入了发展瓶颈期，但这个时期也是最容易取得突破性成果的时期。因此，选择学习神经网络技术会让你紧随人工智能的潮流，不至于成为被替代的人。

笔者的使用体会

神经网络是蕴含丰富知识背景的技术,初学者在入门时可能会先面对许多导数公式、求和公式或线性代数的有关计算,大部分人学习起来会感到十分困难、无从下手,这些知识靠单独地学习很难理解透彻,往往需要在实战中反复琢磨才能真正融会贯通。

如果你成功地进入了神经网络的世界,你会发现这个世界里有许多有趣的东西,仿佛计算机被你注入了灵魂,一切都在你的掌握之中。神经网络技术目前是人工智能领域中最高效、最好用的算法,这让我们在使用它时完全不必拘泥于复杂数值计算的细节,可以很好地把它运用于解决实际问题。现有成熟的深度学习框架会进一步提高使用神经网络的效率,因此可以让你把心思更多地放在思考更好的算法、设计更好的网络、构建更好的样本上,而不是思考它到底该如何实现。

如果你对神经网络技术早有耳闻,并被它的魅力深深吸引,那就不要犹豫,马上开始你的学习。这个学习过程也可以说成探索的过程,它不但会让你创造出能够认识世界的程序,而且也能让你更好地了解这个五彩缤纷的世界。

本书的特色

由于神经网络技术所涉及的背景知识非常广泛,有些甚至晦涩难懂,所以本书并不侧重非常详细地讲解这些知识,反而比较侧重对这些知识的实际运用,在实战中让读者对这些知识反复理解消化。本书特色就在于用简单的语言讲述初学者难以理解的基础知识;用生动易懂的示例告诉读者如何将这些知识运用到实战中;用发展的眼光看待神经网络的前景,激发读者的兴趣。

本书的主要内容

本书一共分为三部分:第一部分包括第1~3章,讲述神经网络的基础知识等有关内容;第二部分包括第4~8章,讲述神经网络的实战开发等有关内容;第三部分包括第9~11章,讲述与神经网络有关的一些进阶内容。本书内容框架如下图所示。

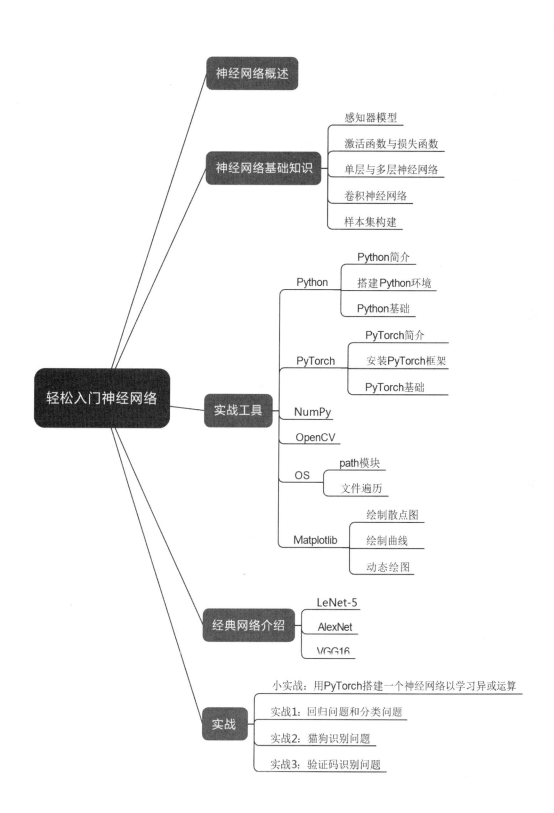

本书读者对象

- 神经网络初学者。

- 参加各种创新创业比赛需要用到神经网络的大学生。

- 各计算机、非计算机专业的大中专院校实习学生。

- 想转入人工智能领域的程序员。

- 欲上岗人工智能行业相关职位的应届大学生。

- 需要神经网络入门工具书的人员。

- 其他对神经网络技术感兴趣的人员。

资源下载

本书所涉及的源代码已上传到百度网盘，供读者下载。请读者关注封底"博雅读书社"微信公众号，找到"资源下载"栏目，根据提示获取。

目录
CONTENTS

第1章 神经网络概述 1

1.1 神经网络简介 2
　　1.1.1 神经网络的定义 2
　　1.1.2 神经网络可解决的问题 3
1.2 神经网络的灵感来源 3
　　1.2.1 对人类认知过程的传统认知 3
　　1.2.2 对人类认知过程的现代认知 4
　　1.2.3 神经元连接的灵感 4
1.3 为什么要学习神经网络 4
　　1.3.1 神经网络的发展 4
　　1.3.2 学习神经网络有什么用 5
1.4 怎样学习神经网络 6
　　1.4.1 选择一门编程语言 6
　　1.4.2 对算法的理解 8
　　1.4.3 写博客 8
1.5 小结 9

第2章 神经网络基础知识 10

2.1 感知器模型 11
　　2.1.1 神经元细胞的本质 11
　　2.1.2 感知器模型的构建 11
2.2 训练感知器 13
　　2.2.1 计算误差 13
　　2.2.2 误差反向传播 13
　　2.2.3 训练示例 14
2.3 激活函数 15

2.3.1 激活函数的定义 16

2.3.2 Sigmoid 函数 16

2.3.3 Tanh 函数 17

2.3.4 ReLU 函数 18

2.4 损失函数 **20**

2.4.1 损失函数的定义及作用 20

2.4.2 绝对值损失函数 20

2.4.3 均方差损失函数 21

2.4.4 交叉熵损失函数 23

2.5 单层神经网络 **23**

2.5.1 单层神经网络的结构 23

2.5.2 单层神经网络的参数 25

2.5.3 单层神经网络的前向传播过程 25

2.6 训练单层神经网络 **26**

2.6.1 梯度下降算法 26

2.6.2 反向传播算法 29

2.6.3 理解反向传播 31

2.7 多层神经网络 **32**

2.7.1 多层神经网络的结构 33

2.7.2 参数向量化 33

2.8 卷积神经网络 **36**

2.8.1 卷积神经网络简介 36

2.8.2 卷积核 37

2.8.3 卷积操作 38

2.8.4 池化操作 41

2.8.5 卷积层 42

2.8.6 池化层 43

2.8.7 全连接层 44

2.9 小结 **44**

第3章 **实战前的预备知识** **46**

3.1 计算机程序 **47**

3.1.1 计算机程序简介 47

3.1.2 计算机程序的执行过程 48

3.1.3 计算机程序的开发流程 49

3.1.4 计算机程序的特点 50

3.2 加速训练 ·· **51**

3.2.1 CPU 与 GPU ································· 51

3.2.2 归一化 ·· 52

3.2.3 其他学习算法 ······························· 53

3.2.4 Mini-Batch ·································· 54

3.3 构建样本集 ·· **55**

3.3.1 Tensor 类型 ································· 55

3.3.2 训练集 ·· 56

3.3.3 测试集 ·· 57

3.3.4 交叉验证集 ··································· 58

3.4 小结 ·· **59**

第4章 **Python 入门与实战** ·············· **60**

4.1 **Python 简介** ······································· **61**

4.1.1 什么是 Python ······························· 61

4.1.2 Python 的特点 ······························· 61

4.1.3 为什么要用 Python 搭建神经网络 ·········· 62

4.2 **搭建 Python 环境** ································ **63**

4.2.1 安装 Python 3.7(Anaconda) ·············· 63

4.2.2 安装 CUDA 10.0 ··························· 66

4.2.3 安装 PyCharm ······························· 68

4.2.4 PyCharm 新建项目 ························· 70

4.2.5 PyCharm 的一些基本设置 ················· 71

4.2.6 PyCharm 运行程序 ························· 73

4.3 **Python 基础** ·· **74**

4.3.1 输入语句与输出语句 ······················· 74

4.3.2 变量的作用与定义 ·························· 76

4.3.3 变量的命名规则和习惯 ···················· 78

4.3.4 运算符 ·· 79

4.3.5 数据类型 ······································ 81

4.3.6 if 语句 ··· 82

4.3.7 循环语句 ······································ 83

4.3.8 函数 ·· 85

4.3.9 类 ·· 85

4.3.10 列表和元组 ·································· 87

4.3.11 引入模块 ···································· 87

4.3.12 注释 ·· 88

4.4 编写第一个感知器程序 ···88

4.4.1 需求分析 ···88

4.4.2 主程序 ··89

4.4.3 感知器前向传播程序 ··90

4.4.4 误差计算程序 ···91

4.4.5 运行结果 ···91

4.5 小结 ···92

第5章 深度学习框架 PyTorch 入门与实战 ·············93

5.1 PyTorch 简介 ··94

5.1.1 什么是 PyTorch ··94

5.1.2 PyTorch 的特点 ··94

5.1.3 为什么要选择 PyTorch 搭建神经网络 ····················95

5.2 安装 PyTorch 框架 ··95

5.2.1 conda 命令 ··96

5.2.2 选择 PyTorch 版本进行安装 ·····························97

5.3 PyTorch 基础 ··99

5.3.1 构建输入/输出 ···99

5.3.2 构建网络结构 ··100

5.3.3 定义优化器与损失函数 ·····································102

5.3.4 保存和加载网络 ··103

5.4 小实战：用 PyTorch 搭建一个神经网络以学习异或运算 ·····104

5.4.1 需求分析 ··104

5.4.2 训练程序 ··105

5.4.3 测试程序 ··107

5.5 小结 ···109

第6章 Python 搭建神经网络进阶 ·················110

6.1 NumPy 简介 ··111

6.1.1 NumPy 的基本功能 ··111

6.1.2 NumPy 的数据类型 ··111

6.2 NumPy 的使用 ··112

6.2.1 安装 NumPy ···112

6.2.2 创建数组 ··112

    6.2.3 存储和读取数组 ·· 114

    6.2.4 索引和切片 ·· 115

    6.2.5 重塑数组 ·· 116

    6.2.6 数组的运算 ·· 117

6.3 OpenCV简介 ··· **119**

    6.3.1 OpenCV概述 ··· 119

    6.3.2 OpenCV的基本功能 ··· 120

6.4 OpenCV的使用 ··· **120**

    6.4.1 安装OpenCV ·· 121

    6.4.2 图像读取与显示 ··· 121

    6.4.3 图像缩放 ·· 122

    6.4.4 色彩空间转换 ··· 123

    6.4.5 直方图均衡化 ··· 125

    6.4.6 图像保存 ·· 126

6.5 文件夹中文件的遍历 ······································· **127**

    6.5.1 OS模块简介 ·· 128

    6.5.2 path模块 ··· 128

    6.5.3 删除文件 ·· 129

    6.5.4 创建文件夹 ·· 129

    6.5.5 文件遍历 ·· 130

6.6 构建和读取数据集 ··· **132**

    6.6.1 构建数据集 ·· 132

    6.6.2 读取数据集 ·· 135

6.7 PyTorch中卷积神经网络有关的接口 ················· **136**

    6.7.1 卷积层接口 ·· 136

    6.7.2 反卷积层接口 ··· 137

6.8 小结 ·· **137**

第7章 实战1：回归问题和分类问题 ·················· **139**

7.1 Python中绘图方法简介 ··································· **140**

    7.1.1 Matplotlib简介 ··· 140

    7.1.2 安装Matplotlib ··· 140

    7.1.3 散点图绘制 ·· 141

    7.1.4 绘图显示的小设置 ··· 144

    7.1.5 曲线绘制 ·· 145

    7.1.6 设置坐标轴 ·· 146

    7.1.7 动态绘图 ·· 148

7.2 回归问题 ··· **149**

7.3 用 Python 搭建一个解决回归问题的神经网络 ············· **151**

　　7.3.1 准备工作 ··· 151

　　7.3.2 构建网络 ··· 152

　　7.3.3 训练网络 ··· 153

　　7.3.4 完整程序 ··· 154

7.4 分类问题 ··· **155**

7.5 用 Python 搭建一个解决分类问题的神经网络 ············· **156**

　　7.5.1 准备工作 ··· 156

　　7.5.2 构建网络 ··· 159

　　7.5.3 训练网络 ··· 160

　　7.5.4 可视化 ··· 161

　　7.5.5 完整程序 ··· 162

7.6 小结 ·· **164**

第8章 实战2：猫狗识别问题 ······································ **165**

8.1 实战目标 ··· **166**

　　8.1.1 目标分析 ··· 166

　　8.1.2 样本集 ··· 167

8.2 实现思路 ··· **167**

　　8.2.1 构建样本集 ·· 168

　　8.2.2 测试样本集 ·· 169

　　8.2.3 构建网络 ··· 170

　　8.2.4 训练网络 ··· 171

　　8.2.5 测试网络 ··· 172

8.3 完整程序及运行结果 ··· **172**

　　8.3.1 构建样本集程序 ·· 172

　　8.3.2 测试样本集程序 ·· 174

　　8.3.3 构建网络程序 ··· 175

　　8.3.4 训练网络程序 ··· 177

　　8.3.5 可视化训练过程 ·· 179

　　8.3.6 测试网络程序 ··· 180

　　8.3.7 模拟实际运用 ··· 181

8.4 对结果的思考 ·· **182**

　　8.4.1 训练集和测试集准确率的对比 ······································ 182

8.4.2 准确率低的原因 183
8.4.3 训练过程的启示 184

8.5 小结 **184**

第9章 **一些经典的网络** **185**

9.1 **LeNet-5网络模型** **186**
9.1.1 LeNet-5网络简介 186
9.1.2 LeNet-5网络结构 186
9.1.3 三维卷积 188
9.1.4 多维卷积 190
9.1.5 LeNet-5代码实现 191

9.2 **AlexNet网络模型** **192**
9.2.1 AlexNet网络简介 193
9.2.2 AlexNet网络结构 193
9.2.3 Same卷积 194
9.2.4 Softmax分类器 196
9.2.5 AlexNet代码实现 197

9.3 **VGG16网络模型** **198**
9.3.1 VGG16网络简介 198
9.3.2 VGG16网络结构 198

9.4 小结 **200**

第10章 **实战3：验证码识别问题** **201**

10.1 **实战目标** **202**
10.1.1 目标分析 202
10.1.2 生成样本集 203

10.2 **实现思路** **205**
10.2.1 构建样本集 206
10.2.2 构建网络 207
10.2.3 训练网络 208
10.2.4 测试网络 209

10.3 **完整程序及运行结果** **209**
10.3.1 验证码分割程序 209
10.3.2 构建训练集程序 211

10.3.3　构建网络程序 ··· 212

10.3.4　训练网络程序 ··· 213

10.3.5　测试网络程序 ··· 215

10.3.6　模拟实际运用 ··· 216

10.4　对结果的思考 ··· **217**

10.4.1　训练集和测试集准确率的对比 ························· 217

10.4.2　识别错误的原因 ·· 218

10.5　小结 ·· **219**

第11章　优化网络 ·· **220**

11.1　神经网络现存的几个问题 ··································· **221**

11.1.1　无法真正模拟人脑 ·· 221

11.1.2　大样本训练缓慢 ·· 222

11.1.3　深度网络训练困难 ·· 222

11.1.4　梯度消失和爆炸 ·· 224

11.1.5　白盒问题 ··· 225

11.2　过拟合问题 ·· **226**

11.2.1　什么是过拟合 ··· 226

11.2.2　解决过拟合问题的几种方法 ······························ 227

11.2.3　正则化 ·· 228

11.3　怎样选择每一层的节点数目 ································ **230**

11.3.1　输入层和输出层的节点数目 ······························ 230

11.3.2　隐含层的节点数目 ·· 230

11.4　如何加速训练 ··· **231**

11.4.1　采用其他优化算法 ·· 231

11.4.2　采用GPU训练 ··· 232

11.4.3　设置合适的学习率 ·· 232

11.4.4　在合适的时间停止训练 ····································· 233

11.5　人工智能的未来发展趋势 ··································· **233**

11.5.1　人工智能的发展现状 ·· 233

11.5.2　人工智能的发展趋势 ·· 234

11.6　小结 ·· **234**

第 1 章

神经网络概述

　　本章将介绍神经网络的发展背景及学习方法，逐步揭开神经网络的神秘面纱，开启探索神经网络的神奇世界之门。

本章主要涉及的知识点

- ● 神经网络的基本概念。
- ● 神经网络的灵感来源。
- ● 神经网络的发展背景。
- ● 神经网络的学习方法。

1.1 神经网络简介

随着信息时代的快速发展,人工智能逐渐走进了大众的视野,而与之紧密相关的神经网络(Neural Networks,NN)也渐渐被越来越多的人所了解。那么,什么是神经网络呢?

1.1.1 神经网络的定义

神经网络的定义有许多种,抛开数学公式和图形,一种比较概括性的定义可能为:神经网络是一种能够模仿人类的认知过程的数学模型。为了与生物神经网络相区分,神经网络又称为人工神经网络(Artificial Neural Networks,ANN),其本质是一种数学算法,其模拟人类认知的过程其实也就是进行一系列数学运算的过程。人脑神经网络如图1.1所示,它是一种极其复杂的结构,甚至在如今这个科学技术飞速发展的时代里,人脑中的奥秘还不能被科学家完全所知。但是,人工智能的发展却带来了简单但功能十分强大的人工神经网络结构,如图1.2所示。虽然人工神经网络相比人脑而言过于简单,但是其强大的应用其实正在你我的身边发生。

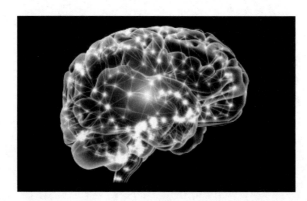

图1.1 人脑神经网络

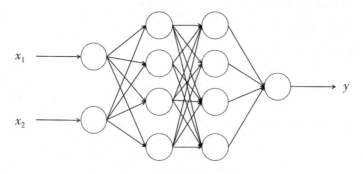

图1.2 人工神经网络结构

1.1.2 神经网络可解决的问题

最新的发展成果表明,神经网络解决某些问题上的能力已经超过了人类。例如,AlphaGo 已经战胜了人类成为地球上最厉害的围棋选手;Geoff Hinton 发明的胶囊网络在识别玩具上的能力已经超越了人类的识别能力;谷歌的研究人员用一种深度学习的方法训练他们的网络玩电子游戏,训练两个小时后,计算机就成为游戏专家,且在之后大多数的游戏中,深度学习网络已经胜过有经验的玩家。再如,近年来发展十分火热的自动驾驶、人脸识别等技术都与神经网络有关,手机中的垃圾短信或垃圾邮件过滤功能也是通过神经网络实现的,语言识别、垃圾分类识别器等都可以运用神经网络模型轻松实现。

通过比较简单而系统的学习,每个人都可以很好地掌握神经网络的基础知识并用它去解决两类问题:回归问题和分类问题,解决回归问题时神经网络甚至可以用来预测股价及房价(还不能用来炒股)。当然,本书的目的不是教读者如何预测股价,而是想让读者系统地了解神经网络基础的方方面面,能够运用它去做一些有趣的事情。

1.2 神经网络的灵感来源

对神经网络的整体概念有了基本了解之后,本节讨论科学家们是如何想到构建这样一种功能强大的人工模型的。

1.2.1 对人类认知过程的传统认知

人工神经网络模拟的其实是人脑的学习过程,而人脑的学习过程实际上可以看作神经元之间的连接、信息传递的过程。其实,在很长一段时间里,人们对人脑中的神经细胞的工作方式并不熟悉。

人们起初认为,我们所拥有的视觉、触觉、味觉等都是因为感受器官同人脑中特定的感受细胞相连所形成的。如图 1.3 所示,人们普遍认为,眼睛与视觉中枢通过某种方式相连接,眼睛作为视觉的感受器,在感受到了视觉信号之后,将信号传到视觉中枢,我们才会形成视觉;如果将眼睛连接到了味觉中枢、语言中枢等其他感受外界刺激的神经网络区域,我们便不会产生视觉。这种理论的主要观点在于,相应的感受器必须要与人脑中相应的感受细胞相连接才会正常工作,从而形成相应的感觉。

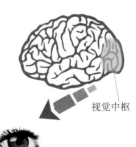

视觉中枢

图 1.3 视觉的形成

1.2.2　对人类认知过程的现代认知

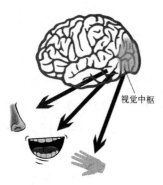

图 1.4　连接其他器官的神经中枢

人们对人类感知过程的传统认知虽然狭隘,但却持续了很长时间。直到有一些善于思考和反驳的人开始发问:如果把其他器官也连接到视觉中枢上(图1.4),会发生什么呢?

实际上,历史上确实有人做过这样的实验,实验的具体过程在这里不做重点讲解,我们主要关心最后的结果。实验得到的结果是,如果把鼻子连接到视觉中枢,也可以通过视觉中枢和鼻子共同工作产生嗅觉;类似地,把嘴巴连接到视觉中枢,也同样会产生味觉。这就启示我们,视觉中枢并不是一些特殊的仅仅能够产生视觉的人脑神经细胞,而是一些具有一定普遍性的人脑细胞。视觉形成的关键在于,眼睛传入了视觉信号,视觉中枢中具有一定普遍性的神经元在接收到信号以后,开始其连接活动,将信号进行处理后产生视觉。神经细胞的这种工作机制,就决定了我们可以创造一个模型——神经网络。

1.2.3　神经元连接的灵感

人工智能在发展之初就分出一门学派——连接主义学派,该学派认为人工智能起源于仿生学,特别是人脑模型,人类认知的基元是神经元,认知过程是神经元的连接过程。

随着科学家对人类认知过程的理解不断加深,人们逐渐发现神经元的连接过程可以模拟出人脑的某些功能。这一过程给研究人员带来了灵感,驱使着人类着手建立人工的基元及人工的连接,并且通过简单的连接就可以模拟出人脑的学习功能。

1.3　为什么要学习神经网络

在了解了神经网络的定义和灵感来源之后,本节简单介绍神经网络的发展历史,然后讨论使用神经网络解决问题的必要性。

1.3.1　神经网络的发展

其实,神经网络并不是近几年新出现的词语,而是一个"由来已久"的词了。早在 1943 年,心理学家沃伦·麦卡洛克(Warren McCulloch)和数理逻辑学家沃尔特·皮茨(Walter Pitts)在合作的 *A logical calculus of the ideas immanent in nervous activity* 论文中就已经给出了人工神经网络的最初概念及人工神经元的数学模型,从而开创了人工神经网络研究的时代。而后又有许多研究学者提出了不同的学习模型,但那时的神经网络大部分只有简单的单层结构,所以被称为"第一代神经网络"。虽然第一代神经网络模型比较简单,但是它已经能够对简单的形状(如三角形、矩形、菱形等)进行分类,人们逐渐认识到使用机器实现像人类一样感觉、学习、记忆、识别已经成为一种趋势。

到了1985年,杰弗里·辛顿(Geoffrey Hinton)使用多个隐含层来代替感知机中原先的单个特征层,并使用BP算法(Back-propagation algorithm,proposed in 1969,practicable in 1974)来计算网络参数。1989年,雅恩·乐库(Yann LeCun)等人使用深度神经网络来识别信件中邮编的手写体字符。1998年,LeCun进一步运用CNN(Convolutional Noural Networks,卷积神经网络)完成了银行支票的手写体字符识别,识别正确率达到商用级别。

尽管神经网络在20世纪90年代末就已经得到了很好的发展,并且水平也已经能够达到商用级别,但是在之后的一段时间内,神经网络似乎并没有得到更高层次的发展。笔者认为在这其中,计算机的算力起到了很大的限制作用。那时的计算机发展还不是很成熟,计算机运算速度并不是很快,有时训练一个神经网络需要几天甚至几个月才能得到一次结果,而且如果得到的结果不理想,就需要再耗费同样的时间去重新训练,这不仅限制了个人开发神经网络模型,更限制了整个行业的发展。

最近几年,随着计算机技术突飞猛进的发展,神经网络的发展也被重新"唤醒",并成为人工智能领域中最有效的模型之一。目前人工智能在某些特定的领域已经有很好的性能,可以解决特定的问题,甚至解决某些特定问题的能力已经远远超过人类。

1.3.2 学习神经网络有什么用

人工智能目前所面临的最大的问题就是,它并不能像人类的大脑一样,很轻松地感知和学习周围环境的一切事物。目前所发展的人工智能技术,从某种意义上来说,可以被定义为"伪人工智能"。

假设你设计了一个计算机视觉的人工智能程序,让它去识别一些特定的图像,结果可能会比我们的肉眼的识别效果要好;但是如果果让它去识别语音,它可能完全不能理解语音信号所代表的含义。或许你会说,我可以将训练好的识别图像的神经网络和识别语音的神经网络组合在一起使用,这样人工智能程序不就可以既能看懂图像,又能听懂声音了?实际上,现在的一些人工智能产品确实就是这样做的,但即使有再多的功能进行组合使用,人工智能程序还是脱离不了"伪人工智能"的嫌疑,因为它们之间并没有建设性的连接,每个功能都是通过单独的神经网络来实现的。换句话说,如果让人工智能程序去参加高考,恐怕它会"无从下手"。

能够实现真正具有人类的某些感知和学习功能的人工智能一直都是一件令人着迷的事情,但是能做出一个真真正正具有人的思维的人工智能可能对研究人员来说更加具有吸引力,而这也是我们要学习神经网络的原因之一。未来可能会是一个充满人工智能的时代,神经网络是通向人工智能殿堂的阶梯,如果我们能够登上这个阶梯,便能体会到其中的奥秘与乐趣,甚至可以开创一个全新的时代。

以上是从一些宏观的角度来剖析学习神经网络的重要性。从现实的角度来看,人工智能行业在近几年的发展十分迅速且异常火爆,许多科技巨头公司争先恐后地发展自己的人工智能技术,如华为、阿里、百度等都已经研发出了自己的人工智能产品。人工智能的火爆也带来了大量的人工智能就业岗位,所以现在无论是国内还是国外,整个行业都十分需要人工智能方面的人才。如果能够掌握人工智能领域的有关智能算法,在今后的求职过程中也能找到一份待遇优厚的工作,并且能在岗位上继续推动人工智能领域的发展。

1.4 怎样学习神经网络

本节讨论如何高效地学习神经网络,以及如何高效地使用本书。笔者将通过自身的学习经历给大家的学习提供一些建议,可能这些方法不一定适合所有人,读者完全可以按照自己的习惯来组织学习,不过还是希望这些知识能够给读者提供一些参考。

1.4.1 选择一门编程语言

现在市面上已经有很多成熟的编程语言,如 C/C++、Java、Python 等,这些语言都有各自的特色。就笔者的经验来看,Python 可能是目前进行人工智能算法学习和部署的一门最佳语言。

Python 中集成了大量的库,这些功能丰富的库会在实现算法时提供丰富的接口以简化实现过程。如果选择使用 C 语言等其他类似的高级语言去实现一些人工智能算法,有时可能会写出很长的代码,而且还需要花费大量的时间去优化代码,否则运行速度就会十分缓慢。而如果使用 Python 去开发人工智能程序,许多冗长的代码完全可以被相应的库函数所代替,而且这些库函数都经过了专业研究者高度优化,运行速度快,性能也特别好。

假如想要实现一个矩阵点乘的算法,如果不调用他人已经写好的库函数,那么可能需要写出如代码 1-1 所示的冗长的代码,先用两个 for 循环实现创建两个矩阵的工作,然后再使用一个 for 循环进行每个元素的相乘工作。

代码1-1　在Python中使用for循环实现矩阵点乘

```
A = [ ]                                    # 申请一段空间存储矩阵A
for i in range(3):
    A.append([ ])                          # 用append在申请空间里再分空间
    for j in range(3):
        A[i].append(2)                     # 用append在申请空间里赋值2
print(A)                                   # 输出矩阵A

B = [ ]                                    # 申请一段空间存储矩阵B
for i in range(3):
    B.append([ ])                          # 用append在申请空间里再分空间
    for j in range(3):
        B[i].append(3)                     # 用append在申请空间里赋值3
print(B)                                   # 输出矩阵B

result = [ ]                               # 申请一段空间存储矩阵A、B的点乘结果
for i in range(3):
    result.append([ ])                     # 用append在申请空间里再分空间
    for j in range(3):
        result[i].append(A[i][j] * B[i][j]) # 进行相应位置上的矩阵A、B元素相乘
print(result)                              # 输出结果
```

注意：与C语言不同，Python中的代码格式要求很严格，缩进量必须按具体要求，否则会报错。

实际上，在Python中，如果调用NumPy库，实现的代码就会如代码1-2所示，不仅大大降低了代码量，还能明显提高程序运行速度，而且直观易懂。NumPy是Python中一个进行数值运算的集成库，在本书之后的代码中，会大量运用该库，并且这些运用都非常直观且高效。

代码1-2　在Python中调用NumPy库实现矩阵点乘

```
import numpy as np          # 导入NumPy库
A = np.ones((3, 3)) * 2     # 创建矩阵A
B = np.ones((3, 3)) * 3     # 创建矩阵B
result = A * B              # 进行点乘运算
print(A)
print(B)
print(result)
```

对于没有接触过Python的读者来说，现在去阅读这些代码可能会比较困难，但是这并不影响读者直观地感受两种方法之间的差别。

关于语言，吴恩达（Andrew Ng）曾经说过，在美国硅谷等高科技产业集中地方工作的工程师，大部分会在正式部署实现一个人工智能算法之前通过一个称为Octave的语言来提前进行算法实现以检验其性能。如果读者没有听过Octave，那一定听过MATLAB。在如MATLAB这类软件中，有数以百计的各学科相关的工具箱，调用这些工具箱甚至要比在Python中调用库函数要方便快捷得多。遗憾的是，在这些软件中实现的算法并不能很好地完成工业部署，即可移植性很差，很难运用在真实的工作场景下。但笔者认为，这些软件能够迅速地帮助大家理解各种算法，读者可以尝试在这些软件中实现算法。

1.4.2　对算法的理解

在神经网络的学习中,可能会遇到很多"莫名其妙"的算法,有些算法的推导过程可能会需要良好的高等数学或线性代数的知识背景才能顺利完成。但是,从现实情况来看,即使是一名已经从事智能算法工作数年的工程师,也未必能够彻彻底底地理解他每天都在使用的算法,但这并不影响他去创造一些有价值的工作成果。

在本书的编写过程中,笔者对于一些算法的解释已经做了尽可能简单地叙述,力求能够让读者用最简单的方式理解这些晦涩难懂的知识。但要深刻理解这些知识,可能还需要去网上搜索相关的资料、视频,反复回味书中的知识。当然,如果确实有不能理解的地方,也不要抓住不放,强迫自己理解,因为这样反而会适得其反。

笔者希望,读者在通过本书学习神经网络时,如果遇到了难以理解的部分,可以暂时先把注意力转移到实际的运用上,让自己开始尝试写一些代码。尝试的次数越多,就会对这个算法的理解越深刻,而只有在真正理解算法之后,才能利用它创造属于自己的神奇世界。

1.4.3　写博客

如果读者经常浏览互联网,一定会知道这样一种高效的学习方法——费曼学习法。

费曼学习法很简单,只需以下四步:

(1)选择一个想要学习的新知识或概念并开始学习它。

(2)学习好之后,想象自己是一名老师,要给学生讲授这个概念,这时要把自己对这个知识的理解讲出来,讲得越清楚越好。在这个过程中,发现自己哪里理解得不够透彻,哪里理解得比较清晰。

(3)如果在讲解的过程中哪里"卡"住了,就回到原来的材料中,继续学习并重新理解。

(4)反复检查自己的讲述是否啰唆,哪里还可以简练,开始尝试使用更加简练的语言进行讲解。

为什么要介绍费曼学习法呢?因为写博客恰好就可以很好地完成费曼学习法中的后三步。在撰写关于知识总结博客时,不要把它仅仅当成一个总结笔记来写,而是要当成一个"教案"来写,这样就会使自己的讲解越来越清楚且通俗易懂。同时,在这个过程中还会发现自己的不足,然后进行针对性的巩固。

这里推荐几个写博客的社区,第一个是CSDN博客,这里聚集着众多爱好者和从业者,是一个很好的知识分享平台,即使不能写出自己的博客,也可以通过阅读其他人的博客获得想要学习的知识;第二个是博客园网站,这也是一个聚集了众多IT爱好者的网站,它的网站风格比CSDN博客更加简约,要想成为一个博客作者就需要通过审核。

1.5 小结

　　本章首先讨论了神经网络的概念、来源及一些背景知识,然后讨论了学习神经网络的重要性及一些学习方法。学完本章后,读者应该能够回答以下问题:

　　(1) 神经网络的定义是什么?

　　(2) 构建神经网络模型的灵感来自哪里?

　　(3) 如何选择一门合适的编程语言进行神经网络的学习?

第 2 章

神经网络基础知识

从本章开始将会正式进入神经网络算法的学习,将会讨论大量的关于神经网络模型建立和运作的细节,其中还会涉及一些图像处理领域的知识。

本章主要涉及的知识点

- ◆ 感知器模型的结构与定义。
- ◆ 感知器模型的训练方法。
- ◆ 激活函数的定义与分类。
- ◆ 损失函数的定义与作用。
- ◆ 前向传播和反向传播算法。
- ◆ 单层神经网络与多层神经网络。
- ◆ 卷积的运算过程。
- ◆ 卷积神经网络的结构和特点。

2.1 感知器模型

　　人类通过神经元的连接活动形成对外界环境的感知,我们能否模拟这种连接活动去建立一种模型,让计算机也能具有感知外界环境的功能呢?

2.1.1 神经元细胞的本质

　　在第1章中我们已经知道,研究人员受人类神经元细胞的启发,在模拟其连接过程中创造出了许多有趣的东西。那么,神经元细胞究竟是什么样的呢?

　　图2.1所示是经典的神经元细胞结构,该图详细地说明了神经元细胞的每一个部分。整体来看,神经元细胞可以分为三部分:细胞体为主的头部、施万细胞相连接的中间部分及神经末梢。为了能构造出人工神经元模型,我们必须要先简化这些部分,可以把这三部分看成输入、中间节点、输出。

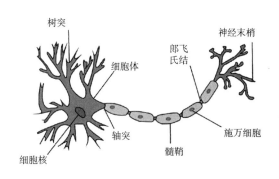

图2.1　神经元细胞结构

　　如图2.2所示,原来的树突、细胞体等结构被一个中间节点所代替,而施万细胞构成的连接通路在树突的一边被归为输入,在神经末梢的一段被归为输出。在神经元的每一次连接活动中,来自其他神经元的电信号都会从输入端传入,经过中间节点的

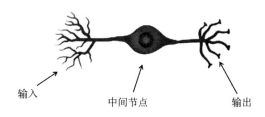

图2.2　神经元细胞简化结构

处理以后从输出端输出。显然,这样的简化结构也能很好地解释神经元的工作过程。

2.1.2 感知器模型的构建

　　了解了神经元细胞的本质,即可着手构建一个模拟神经元结构的感知器模型。构建感知器模型的过程十分简单,如图2.3所示,用一个圆圈代表中间节点,x代表输入,y代表输出。当然,输入和输出的数量是不固定的,这里暂且构建一个三输入一输出的感知器模型。

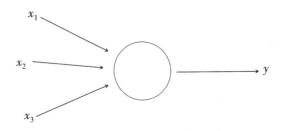

图2.3　感知器模型

构建好最初的模型以后,由于其并没有设置任何参数,所以该模型实际上无法正常工作。下面开始尝试添加一些参数。如图2.4所示,为输入到中间节点的每一条连接上设置一个参数w,并给出一种运算规则:

$$z = x_1 w_1 + x_2 w_2 + x_3 w_3$$

式中,z为新引入的一个中间变量;x_1、x_2、x_3为输入;w_1、w_2、w_3为连接权值。该公式过于简单,看起来像是在坐标纸上一条过原点的斜线。因此,可以在公式中加上一个偏置值b,使其不过原点:

$$z = x_1 w_1 + x_2 w_2 + x_3 w_3 + b$$

至此,我们已经通过输入得到了一个输出z。其实,如果把z作为最后的结果,该模型也可以正常运作起来,这是因为该过程已经成功地模仿了神经元的工作过程。但是,这里进行的运算都是线性运算,所以该模型所能解决的问题也只是线性问题。然而我们生活中遇到的问题不全是线性的,即神经元的中间节点所进行的处理一定不是简单的线性处理,并不是把电信号乘上一个数加起来这么简单。所以,还应进一步改造该模型。改造的方法很简单,只需要加上一个简单的非线性处理即可,如下:

$$y = f(z) = f(x_1 w_1 + x_2 w_2 + x_3 w_3 + b) \tag{2.1}$$

式中,$f(z)$代表一个非线性函数,即把z作为自变量输入一个非线性的函数中,就能够得到一个经过非线性处理的输出y。显然,如果把y当成感知器模型最后输出的结果,感知器模型便可以解决许多非线性问题,而不仅仅局限于线性问题。

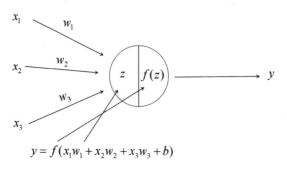

图2.4　给感知器模型添加参数

2.2 训练感知器

建立好感知器模型之后,接下来要做的就是让模型自主学习如何解决一些非线性问题,本节讨论如何实现这一学习过程。

2.2.1 计算误差

首先讨论如何计算误差。假设构建的感知器模型如图2.4所示,把期望输出记作$\hat{y}$,误差记作e。最简单的计算误差公式如下:

$$e = \left| y - \hat{y} \right|$$

该公式虽然非常直观地表示了真实值与期望值之间的差距,但是过于简单。在统计学中使用比较多的公式为均方误差计算式,如下:

$$e = \frac{1}{2}(\hat{y} - y)^2 \tag{2.2}$$

式(2.2)仍存在一些不足之处,这里暂且不讨论,在后面章节中会详细地说明。本小节将使用交叉熵公式来计算误差,如下:

$$e = -\hat{y}\log y - (1 - \hat{y})\log(1 - y) \tag{2.3}$$

2.2.2 误差反向传播

确定了误差的计算方法以后,接下来设置一种学习规则以使感知器模型进行学习。需要注意的是,制定的学习规则一定要基于误差公式。本小节将介绍一种反向传播误差的方法,但是读者要清楚该方法可能并不是十分有效或正规的方法,只是暂时为了能够让读者直观感受感知器模型的训练过程。实际上,读者完全可以制定属于自己的学习规则,只要规则足够有效就没有问题。

基于图2.4及式(2.3),首先计算误差的导数:

$$e'_w = \frac{\mathrm{d}e}{\mathrm{d}w}$$

式中,w为连接权值。

注意:本小节不会计算导数细节,且暂时不考虑非线性函数$f(z)$对误差传播的影响,该内容会在后面几个小节中进行详细的讨论。

看到上述公式,读者可能会有疑问,式(2.3)中没有参数w,那该如何计算误差对w的导数呢?

其实式(2.3)中是含有w的,其可追溯回式(2.1)。式(2.1)中的y是关于x和w的函数,而e是关于y和$\hat{y}$的函数,要想让e对w求导,就应该分两步,即先让e对y求导,然后再让y对w求导。

计算完e'_w以后,需要根据其值修改连接权值的大小。误差反向传播的目的就是不断地改变连接权值,以优化出能够解决问题的权值,使输出和期望输出之间的差距越来越小。优化的过程如下:

$$\Delta w = \alpha e'_w$$

$$w_{new} = w_{pre} - \Delta w$$

式中,Δw为权值的改变量;α为学习率,是一个新引入的参数,范围是$0 \sim 1$,它可以很好地控制权值大小,即控制感知器模型的学习速度;w_{new}为更新之后的权值;w_{pre}为更新前的权值。

对于偏置值b的更新,也采取相同的优化过程:

$$e'_b = \frac{\mathrm{d}e}{\mathrm{d}b}$$

$$\Delta b = \alpha e'_b$$

$$b_{new} = b_{pre} - \Delta b$$

式中,Δb代表偏置值的改变量;α为学习率;b_{new}为更新之后的偏置值;b_{pre}为更新前的偏置值。

这只是一次更新的过程,经过多次迭代更新,直到误差减小到一定程度,就能获得一个比较合适的权值和偏置值,以获得期望的输出。

图2.4中一共有三个权值,所有的权值更新过程如下:

$$\Delta w_1 = \alpha e'_{w_1}, \Delta w_2 = \alpha e'_{w_2}, \Delta w_3 = \alpha e'_{w_3}$$

$$w_{1new} = w_{1pre} - \Delta w_1, w_{2new} = w_{2pre} - \Delta w_2, w_{3new} = w_{3pre} - \Delta w_3$$

综上所述,感知器模型的反向传播过程如下:

(1)计算误差的导数:$e'_w = \frac{\mathrm{d}e}{\mathrm{d}w}$,$e'_b = \frac{\mathrm{d}e}{\mathrm{d}b}$。

(2)计算权值和偏置值的改变量:$\Delta w = \alpha e'_w$,$\Delta b = \alpha e'_b$。

(3)计算改变之后的权值和偏置值:$w_{new} = w_{pre} - \Delta w$,$b_{new} = b_{pre} - \Delta b$。

(4)重复上述过程,直到误差减小到一定程度。

2.2.3　训练示例

为了让读者更好地理解感知器模型的训练过程,本小节将对一个实际的例子给出计算过程。

同样基于图2.4所示的结构,假设输入$x_1 = 1, x_2 = 2, x_3 = 3$,权值和偏置值都初始化为0,非线性函数为$f(z) = \mathrm{e}^z$,期望输出为$\hat{y} = 4, \alpha = 0.1$。通过式(2.1)计算可得:

$$y = f(z) = f(1 \times 0 + 2 \times 0 + 3 \times 0 + 0) = \mathrm{e}^0 = 1$$

本小节暂且不做导数的具体运算,假设计算出的导数值为:

$$e'_{w1} = -0.8, e'_{w2} = -0.4, e'_{w3} = -0.9, e'_b = -0.1$$

则权值和偏置值的改变量为:

$$\Delta w_1 = \alpha e'_{w1} = 0.1 \times (-0.8) = -0.08$$
$$\Delta w_2 = \alpha e'_{w2} = 0.1 \times (-0.4) = -0.04$$
$$\Delta w_3 = \alpha e'_{w3} = 0.1 \times (-0.9) = -0.09$$
$$\Delta b = \alpha e'_b = 0.1 \times (-0.1) = -0.01$$

更新后的权值和偏置值为:

$$w_{1new} = w_{1pre} - \Delta w_1 = 0 - (-0.08) = 0.08$$
$$w_{2new} = w_{2pre} - \Delta w_2 = 0 - (-0.04) = 0.04$$
$$w_{3new} = w_{3pre} - \Delta w_3 = 0 - (-0.09) = 0.09$$
$$b_{new} = b_{pre} - \Delta b = 0 - (-0.01) = 0.01$$

至此,即顺利地完成了一次感知器模型的训练过程,从而得到了一组优化之后的权值和偏置值。下面将这组新的参数代入式(2.1),可得:

$$y = f(z) = f(1 \times 0.08 + 2 \times 0.04 + 3 \times 0.09 + 0.01) = e^{0.44} \approx 1.5527$$

注意:非线性函数中的e代表自然对数的底,而变量e代表计算的误差,二者不要混淆。

得到的输出为1.5527,相对于训练之前的输出1来说,更加接近期望输出4,所以达到了一定的训练效果。

本节介绍了一种训练感知器模型的方法,尽管本节的讨论忽略了大量的细节,甚至有些地方的推导也不是很严谨,但是相信通过本节的学习,读者应该对感知器模型的训练基本流程及目的有了直观的认识。在后面的小节中将会讨论更加严谨的训练方法及大量的细节,但就目前来说,读者只需要对误差反向传播的过程建立起直观的感受即可。

2.3 激活函数

在对感知器模型的误差反向传播过程有了直观的感受以后,本节具体讨论式(2.1)中非线性函数 $f(\cdot)$ 的几种常用形式及其优缺点和选择方法。

2.3.1　激活函数的定义

在 2.1.2 小节中,在为构建的感知器模型添加参数时,在考虑需要解决非线性问题的情况下,引入了一种非线性函数 $f(\cdot)$ 来给输出 z 进行一种非线性变换,这种非线性变换可以大大提高网络拟合性能。我们通常称这样的非线性函数 $f(\cdot)$ 为激活函数,称经过非线性函数进行非线性变换的输出结果为激活值。

在数学世界中,非线性函数的形式有很多种,激活函数的形式自然也会有很多种,针对不同的问题使用不同的激活函数可能会达到不同的效果,选择一个好的激活函数在构建网络时也是关键的一步,它有时甚至决定了神经网络是否能够正常工作。其中,比较常用的激活函数有 Sigmoid 函数、Tanh 函数、ReLU 函数。考虑了激活函数后,误差反向传播过程就不仅要对权值和偏置值求导,还要对激活函数求导,具体过程会在后面章节中详细讨论,本节仅对激活函数的导数进行推导。

2.3.2　Sigmoid 函数

Sigmoid 函数的公式如式(2.4)所示,图形如图 2.5 所示。Sigmoid 函数的主要作用是将一个范围在 $(-\infty, +\infty)$ 的数字映射到范围 $(0,1)$ 内,这种操作会将一个很大的输入调整到一个很小的范围内,大大减少了神经网络的计算负担。但由于在输入的值十分大或十分小时,经过 Sigmoid 激活值会趋近于 1 或趋近于 0,这并不是一件很好的事情。

$$f(z) = \frac{1}{1 + e^{-z}} \tag{2.4}$$

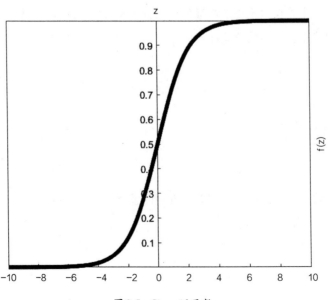

图 2.5　Sigmoid 函数

Sigmoid 函数是在深度学习、神经网络领域最早被使用的激活函数。在实际运用中,Sigmoid 函数大多被用来解决回归问题,它的优势在于,连续性好、易于求导及结构简单,然而它的缺点也十分明显。在讨论 Sigmoid 函数的缺点之前,首先介绍 Sigmoid 函数的导数形式。

按照函数的求导法则,我们可以得到下面的推导过程:

$$f(z)' = \left(\frac{1}{1 + e^{-z}}\right)' = \frac{e^{-z}}{(1 + e^{-z})^2} = f(z)\left[1 - f(z)\right]$$

如式(2.5)所示,最后得到的 Sigmoid 函数的导数是一种非常简单的形式。因此,当想通过程序来实现对 Sigmoid 函数的求导时,可以直接用一个变量 var 写成 $d = \text{var}(1 - \text{var})$ 这样简单的语句就可以得到求导结果,而不用进行真正的求导运算。

$$f(z)' = f(z)\left[1 - f(z)\right] \tag{2.5}$$

从式(2.5)或图 2.5 中可以看出,当输入的 z 十分大或十分小时,导数值几乎为零,也可以说梯度几乎为零,这在神经网络中被称为"梯度消失"现象。显然,如果梯度真的消失了,误差在反向传播过程中也会随之消失,这会导致网络不能得到很好的训练,从而大大影响网络的性能,这也是 Sigmoid 函数最大的缺点。

注意:梯度可以简单地理解为求导的结果,与导数基本一致。

解决梯度消失问题的方法有很多,其中最简单的一种就是把输入 z 的范围控制在 $[-a, +a]$ 之间,其中 a 是一个十分接近 0 的数。从图 2.5 中可以看出,当 z 十分接近 0 时,梯度并不会消失,也不会接近 0。关于如何将输入控制在合理的范围内,这里不做详细地探讨,现在已经有许多简单的数学方法可以对数据进行各种归一化处理,有兴趣的读者可以自行查找资料进行学习。

2.3.3 Tanh 函数

Tanh 函数的公式如式(2.6)所示,图形如图 2.6 所示。Tanh 函数的主要作用是将一个范围在 $(-\infty, +\infty)$ 的数字映射到范围 $(-1,1)$ 内,这种操作与 Sigmoid 函数很类似,只不过其调整的新的映射范围还包含了一半负数。

$$f(z) = \frac{e^z - e^{-z}}{e^z + e^{-z}} \tag{2.6}$$

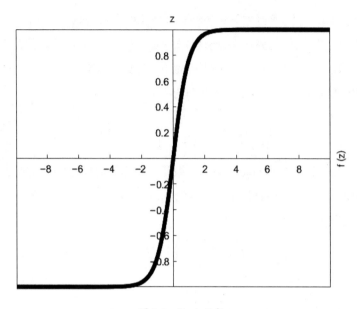

图 2.6　Tanh 函数

从图 2.6 中可以看出，Tanh 函数的优势在于，在输入十分接近 0 时，Tanh 函数几乎是线性的，它的均值为 0，这代表它将会在此范围内拥有比 Sigmoid 函数更好的性能。但是，从图像来看，它仍然存在着梯度消失的问题。

按照函数的求导法则，Tanh 函数导数的推导过程如下：

$$f(z)' = \left(\frac{e^z - e^{-z}}{e^z + e^{-z}}\right)' = \frac{4}{(e^z + e^{-z})^2} = 1 - f(z)^2$$

$$f(z)' = 1 - f(z)^2 \tag{2.7}$$

同样地，在进行程序实现时，可以直接将一个变量 var 写成 $d = 1 - \text{var}^2$ 这样简单的语句就可以得到求导结果，而不用进行真正的求导运算。通过式 (2.7) 与式 (2.5) 的比较可以看出，Tanh 函数的导数相比 Sigmoid 函数的导数来说具有更大的范围，这也就决定了 Tanh 函数相对 Sigmoid 函数来说更不容易产生梯度消失的现象，或者说，Tanh 函数相对 Sigmoid 函数来说梯度下降得更快。

2.3.4　ReLU 函数

ReLU 函数的公式如式 (2.8) 所示，图形如图 2.7 所示。ReLU 函数又称为修正线性单元（Rectified Linear Unit），是一种分段线性函数，但是在整个定义域范围内，ReLU 函数还属于非线性函数。

$$f(z) = \begin{cases} z & z > 0 \\ 0 & z \leqslant 0 \end{cases} \tag{2.8}$$

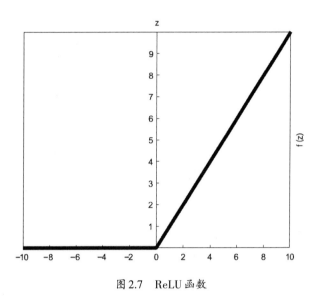

图 2.7 ReLU 函数

ReLU 函数是近几年来在深度学习领域中被使用次数最多的一个激活函数,尤其在构建深度网络结构时,大多采用 ReLU 函数作为激活函数。按照函数的求导法则,易知 ReLU 函数的导数,如下:

$$f(z)' = \begin{cases} 1 & z > 0 \\ 0 & z \leqslant 0 \end{cases} \tag{2.9}$$

从式(2.9)或图 2.7 中可以看出,当输入 z 为正数时,ReLU 函数的导数恒为 1,无论 z 如何变化都不会出现梯度消失的现象,且相比 Sigmoid 函数和 Tanh 函数梯度下降的速度会更快,所以具有更好的性能。但遗憾的是,如果输入 z 为负数,导数就会恒为 0,而且会产生梯度消失的现象。因此,有人提出一种改进的 ReLU 函数,称为 Leaky ReLU 函数,它的表达式如式(2.10)所示,图形如图 2.8 所示。

$$f(z) = \begin{cases} z & z > 0 \\ az & z \leqslant 0 \end{cases} \tag{2.10}$$

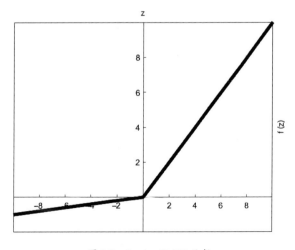

图 2.8 Leaky ReLU 函数

Leaky ReLU 函数很好地解决了在输入 z 为负数时会产生梯度消失的问题。尽管 Leaky ReLU 函数有着似乎更加出色的性能,但是在实际运用当中使用更加广泛的仍为 ReLU 函数,这是因为在许多实际问题中,输入可能很少出现负值。

在构建属于自己的神经网络时,第一步需要做的就是选择一个合适的激活函数,而以上所有内容都可以作为选择激活函数的参考。经验告诉我们,Tanh 函数在前些年被使用的频率比较高;而 Sigmoid 函数一般会用在解决回归问题上;在需要解决一些分类问题时,ReLU 函数会是一个很不错的选择,尝试 Leaky ReLU 函数也可能会带来更好的性能。

2.4 损失函数

学习了激活函数的有关知识以后,我们就能够完成完整的感知器前向传播的过程。但是,涉及误差的反向传播时,必须使用损失函数(Loss Function)。本节将讨论损失函数的定义、作用及常用的几种形式。

2.4.1 损失函数的定义及作用

在 2.2 节中,为了使读者能对感知器模型的训练过程有直观理解,提前引入了几种误差的计算方法,而这种用来计算模型实际输出与期望输出之间的差距大小的函数就称为损失函数或代价函数。一般情况下,损失函数用符号 $J(\cdot)$ 表示。由于网络的输入数量可以是任意的,因此损失函数的自变量的数量也可以是任意的,这也就决定了有时无法很好地将损失函数进行可视化操作。

损失函数有什么作用呢? 从某种意义上来说,损失函数可以等同于误差,即当损失函数输出的值越小时,网络解决问题的能力就会越强。所以,确定一个合理的损失函数是必须的,它决定了网络优化参数的方向。网络训练过程也就是不断寻找损失函数最小值的过程,一旦找到了损失函数的最小值,就说明已经成功地训练出了一个强大的网络模型。

2.4.2 绝对值损失函数

绝对值损失函数的表达式如式(2.11)所示,图形如图 2.9 所示。

$$J(y_i, \hat{y}) = J(w, b) = \frac{1}{m} \sum_{i=1}^{m} |y_i - \hat{y}_i| \tag{2.11}$$

式中,m 为样本的数量;y_i 为系统输入第 i 个样本时的实际输出;$\hat{y}_i$ 为系统输入第 i 个样本时的期望输出。

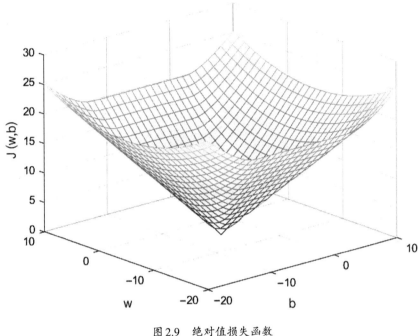

图 2.9　绝对值损失函数

$J(\cdot)$ 是关于 y 和 $\hat{y}$ 的二元函数,而 y 是关于 w 和 b 的二元函数,$\hat{y}$ 为一固定的值,所以 $J(\cdot)$ 可以看作 w 和 b 的二元函数,故记作 $J(w, b)$。

为了方便可视化,假设 w 的数量为1。从图2.9中可以看出,有一个 w 和 b 的值就可以在图中找到对应的一个 $J(w, b)$ 的值,而经过反复优化,就可以得到使 $J(w, b)$ 最小的 w 和 b,从而达到网络的训练效果。

2.4.3　均方差损失函数

均方差(Mean Square Error, MSE)损失函数的表达式如式(2.12)所示,图形如图2.10所示。

$$J(y_i, \hat{y}) = J(w, b) = \frac{1}{2m} \sum_{i=1}^{m} (y_i - \hat{y})^2 \tag{2.12}$$

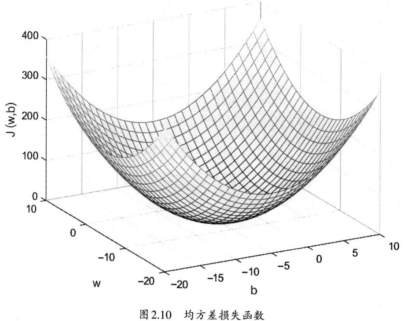

图 2.10　均方差损失函数

同样地,图 2.10 也是简化 w 维度的图像,从图中可以看出,均方差损失函数的图像类似一个碗的形状,所以有些文献上也称之为碗函数。从图 2.10 中可以直观地找到最低点,以及优化的 w 和 b 的值,而训练网络的过程就是让网络自己找到这个最优化的参数。

如果有更复杂的情况,w 的维度不再是 1,均方差损失函数的图像就不会如图 2.10 所示这样清晰,用一维平面图来表示,可能会出现图 2.11 所示的情况。从图 2.11 中可以看出,此时的损失函数存在许多局部最优解,即局部最小的地方,一旦训练算法陷入局部最优,可能就无法得到真正的最优解,从而影响网络性能。在多数情况下,即使陷入局部最优解,网络模型也能很好地工作,所以均方差损失函数依然被用于解决许多回归问题,并且基本能够带来不错的效果。

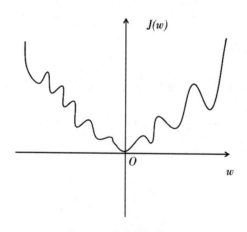

图 2.11　局部最优解问题

2.4.4　交叉熵损失函数

交叉熵损失函数的表达式如下：

$$J(y_i, \hat{y}) = J(w, b) = \frac{1}{m} \sum_{i=1}^{m} \text{Cost}(y, \hat{y})$$

$$\sum_{i=1}^{m} \text{Cost}(y_i, \hat{y}) = \begin{cases} -\log(y_i) & \hat{y} = 1 \\ -\log(1 - y_i) & \hat{y} = 0 \end{cases} \qquad (2.13)$$

从式(2.13)中可以看出，交叉熵损失函数是一个分段函数。由于 $\hat{y}$ 只能取 0 或 1，因此交叉熵损失函数非常适合解决分类问题，并且可以解决均方差损失函数可能存在局部最优解的问题。所以，在今后解决分类问题时，可以优先考虑使用该函数。

式(2.13)有一种简单的形式，如式(2.14)所示，这种形式很巧妙地用一个公式表达了两段分段函数，这对于在后面讨论损失函数的导数来说是一种很实用的简化形式。

$$J(y_i, \hat{y}) = J(w, b) = -\frac{1}{m} \sum_{i=1}^{m} \hat{y} \log(y_i) + (1 - \hat{y}) \log(1 - y_i) \qquad (2.14)$$

注意：本小节或本小节以前提到的两种问题，即回归问题和分类问题是神经网络中比较经典的两类问题，具体内容会在第 7 章中进行讲解。

2.5　单层神经网络

前几节深入浅出地讲解了感知器模型的构建方法及前向传播过程和误差的反向传播算法，本节将多个感知器模型组建起来，开始讨论最简单的神经网络形式。

2.5.1　单层神经网络的结构

与构建感知器模型的步骤类似，如图 2.12 所示，首先绘制三层圆圈，然后使每个圆圈单元之间都相连，最后给出相应的输入，从而得到相应的输出，这样一个单层神经网络的结构就搭建完成了。

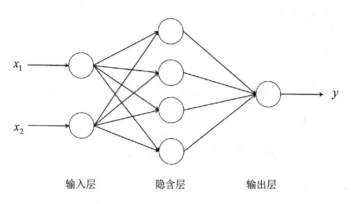

图 2.12　单层神经网络的结构

有些读者可能会产生疑惑,单层神经网络为什么会有三层呢?下面详细地说明每一层结构的作用。

(1)输入层:如图 2.12 所示,输入层共有两个节点,但实际上这一层的每一个节点并不等同于感知器模型,而是一种不带任何参数处理的节点。换句话说,在第一个节点中输入 x_1,输出的也同样是 x_1,不会发生任何变化。输入层的主要作用就是构建输入,以准备构建与隐含层节点之间的连接。

(2)隐含层:如图 2.12 所示,隐含层共有四个节点,每个节点都与输入层的所有节点及输出层的所有节点相连,每个节点都等同于 2.1 节中的感知器模型。输入 x 通过与权值相乘最后相加,再与偏置值求和得到 z,然后通过激活函数得到最后的输出 $y = f(z)$。实际上,在一个完整的单层神经网络结构中,起到关键作用的主要就是这一层,这也就是为什么把这样的三层结构称为单层神经网络。之所以称之为隐含层,是因为在训练或使用这个模型时并不会看到隐含层的情况,如图 2.13 所示,它就如同一个黑盒一般。

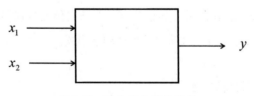

图 2.13　隐含层的黑盒结构

(3)输出层:如图 2.12 所示,输出层共有一个节点,表示网络仅有一个输出,该节点与所有隐含层的节点相连。为了能够整合隐含层的所有节点传来的数据,输出层节点的工作方式类似于感知器模型,最后输出也要经过激活函数的处理。

关于神经网络的层数,不同文献有着不同的理解,有的文献称图 2.12 这种结构为三层网络,有的又称之为两层网络。本书统一以隐含层的层数为标准,所以在本书中,神经网络的层数就等于隐含层的层数。

2.5.2 单层神经网络的参数

为了方便讨论单层神经网络的运作过程,必须先定义好各参数。如图2.14所示,用x_1、x_2表示两个输入;用$w_{ij}^{(1)}$表示输入层与隐含层的连接权值,其中上标(1)表示输入层和隐含层之间的连接,下标i、j分别表示隐含层的节点标号和输入层的节点标号,如$w_{21}^{(1)}$表示隐含层的第二个节点与输入层的第一个节点之间的连接权值;用y_i表示隐含层的第i个节点的输出;用y表示输出节点的输出;类似地,用$w_{ij}^{(2)}$表示隐含层的第i个节点与输出层的第j个节点之间的连接权值;同理,用$b_i^{(1)}$表示隐含层节点的偏置值,用$b_i^{(2)}$表示输出层节点的偏置值。

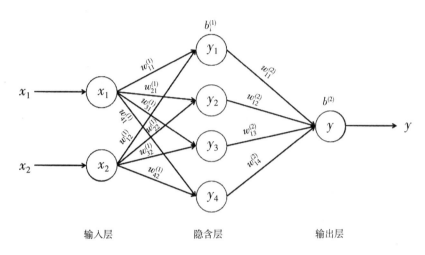

图2.14 单层神经网络参数表示

总体来说,单层神经网络的参数表示会比单个感知器模型的参数表示复杂,但是并不难理解,上标用来区分层级,下标用来区分节点。权值下标的设置是有一定意义的,它与之后进行参数的向量化或矩阵化时矩阵中的元素的下标是一一对应的,这里暂不讨论。

2.5.3 单层神经网络的前向传播过程

单层神经网络的前向传播过程本质上和感知器模型的前向传播过程没有太大区别,如图2.14所示,根据式(2.1)可以推出,输入x_1、x_2传到隐含层的过程如下:

$$y_1 = f\left(x_1 w_{11}^{(1)} + x_2 w_{12}^{(1)} + b_1^{(1)}\right)$$

$$y_2 = f\left(x_1 w_{21}^{(1)} + x_2 w_{22}^{(1)} + b_2^{(1)}\right)$$

$$y_3 = f\left(x_1 w_{31}^{(1)} + x_2 w_{32}^{(1)} + b_3^{(1)}\right)$$

$$y_4 = f\left(x_1 w_{41}^{(1)} + x_2 w_{42}^{(1)} + b_4^{(1)}\right)$$

隐含层的每个节点的处理过程与感知器模型相同,上面的过程可以总结为如下公式:

$$y_i^{(1)} = f\left(\sum_{j=1}^{n_1} x_j w_{ij}^{(1)} + b_i^{(1)}\right)$$

式中,$y_i^{(1)}$ 为隐含层第 i 个节点的输出;x_j 为输入层的第 j 个输入;n_1 为输入层的节点数,这里取 2;$w_{ij}^{(1)}$ 为隐含层的第 i 个节点与输入层的第 j 个节点之间的连接权值;$b_i^{(1)}$ 为隐含层的第 i 个节点的偏置值;$f(\cdot)$ 为激活函数。

注意:该式中 $y_i^{(1)}$ 的上标是为了区分隐含层输出和输出层输出,当输出层节点数量不为 1 时,用 $y_i^{(2)}$ 同样可以表示输出层第 i 个节点的输出。

输入继续向前传播,将隐含层的输出作为输入,则在图2.14中,有如下类似的过程:

$$y = f\left(y_1 w_{11}^{(2)} + y_2 w_{21}^{(2)} + y_3 w_{31}^{(2)} + y_4 w_{41}^{(2)} + b^{(2)}\right)$$

如果输出层的节点个数不为1,则可以扩展成如下公式:

$$y_i^{(2)} = f\left(\sum_{j=1}^{n_2} y_j^{(1)} w_{ij}^{(2)} + b_i^{(2)}\right)$$

式中,$y_i^{(2)}$ 为输出层第 i 个节点的输出;$y_j^{(1)}$ 为隐含层的第 j 个输出,因为这里的输出当作了输出层的输入,所以下标变成了 j;n_2 为隐含层的节点数,这里取4;$w_{ij}^{(2)}$ 为输入层的第 i 个节点与隐含层的第 j 个节点之间的连接权值;$b_i^{(2)}$ 为输出层的第 i 个节点的偏置值;$f(\cdot)$ 为激活函数。

单层神经网络的前向传播过程总结如下:

(1)输入直接传入输入层作为输入。

(2)输入层到隐含层按照规则 $y_i^{(1)} = f\left(\sum_{j=1}^{n_1} x_j w_{ij}^{(1)} + b_i^{(1)}\right)$ 传递。

(3)隐含层到输出层按照规则 $y_i^{(2)} = f\left(\sum_{j=1}^{n_2} y_j^{(1)} w_{ij}^{(2)} + b_i^{(2)}\right)$ 传递。

(4)输出层直接输出作为最后结果。

2.6 训练单层神经网络

明确了单层神经网络的前向传播过程以后,本节讨论单层神经网络的训练方法。首先介绍梯度下降算法,然后介绍一种基于梯度下降算法的误差反向传播过程。

2.6.1 梯度下降算法

梯度下降算法是神经网络中非常基础和常用的算法之一,其核心思想是通过求梯度找到损失函数的最小值,从而解决相应的拟合、分类或其他问题。理解梯度下降算法的前提是理解损失函数的作用。在2.4节中详细地讨论了损失函数的定义及一些具体形式和作用,损失函数也称为代价函数,可以将每一次代价函数的值的大小简单地理解为系统所要进行最小化代价函数所要付出的代价。代价越大,就代表权值和偏置值需要改变的越多,这种动态的改变方式完全可以通过梯度下降算法来实现。

为了方便讲解梯度下降算法的具体过程,现假设一个具体问题,假设存在这样一个函数:

$$y = -5x - 5$$

想让感知器模型可以通过训练学习到这个函数的规则,即训练到最后得到了参数 w 和 b,w 接近 -5,b 接近 -5。假设以均方差函数[式(2.12)]为损失函数,以 Sigmoid 函数[式(2.4)]为激活函数,对网络进行训练,让它自己能够找到使损失函数最小的值。梯度下降算法就是这样一种能够让系统迅速找到损失函数的最优解的一种算法。

在每一次有一个新的输出以后,对损失函数求梯度,然后利用梯度将新的输出与期望输出之间的误差传播回去。该过程可以由如下公式来表示:

$$
\begin{aligned}
w_{\text{new}} &= w_{\text{pre}} - \alpha \frac{\partial J}{\partial w} \\
b_{\text{new}} &= b_{\text{pre}} - \alpha \frac{\partial J}{\partial b}
\end{aligned}
\tag{2.15}
$$

式中,w_{new} 为更新之后的权值;w_{pre} 为更新前的权值;b_{pre} 为更新前的偏置值;b_{new} 为更新后的偏置值;α 为学习率,范围为 $0 \sim 1$;偏导项代表对损失函数分别求权值和偏置值的梯度。

这些参数其实和2.2.2小节介绍的误差反向传播过程中的参数完全一致,不同的是,这里需要讨论其具体的求导过程。

注意:本小节用到的求导符号与2.2节所用的求导符号略有不同,此处采用的是偏导符号,因为损失函数是一个二元函数。

首先,让交叉熵函数对参数 w 求偏导。为了方便,重新写出均方差函数的表达式,如下:

$$
\begin{aligned}
J(w,b) &= \frac{1}{2m} \sum_{i=1}^{m} (y_i - \hat{y})^2 \\
&= \frac{1}{2m} \sum_{i=1}^{m} [f(wx_i + b) - \hat{y}]^2
\end{aligned}
$$

观察上式可以发现,如果想对 w 求导,就必须先对 y_i 求导,然后再对 w 求导。对 y_i 的求导过程如下:

$$
\begin{aligned}
\frac{\partial J}{\partial y_i} &= \frac{1}{m} \sum_{i=1}^{m} y_i - \hat{y} \\
&= \frac{1}{m} \sum_{i=1}^{m} [f(wx_i + b) - \hat{y}]
\end{aligned}
$$

此时如果想要对 w 求导,需要知道激活函数 $f(\cdot)$ 的导数,从式(2.5)中可知:

$$f'(z) = f(z)[1 - f(z)]$$
$$= f(wx_i + b)[1 - f(wx_i + b)]$$

则有：

$$\frac{\partial J}{\partial w} = \frac{\partial \dfrac{1}{m} \sum_{i=1}^{m} [f(wx_i + b) - \hat{y}]}{\partial w}$$

$$= \frac{1}{m} \sum_{i=1}^{m} [f'(wx_i + b)x_i]$$

$$= \frac{1}{m} \sum_{i=1}^{m} f(wx_i + b)[1 - f(wx_i + b)]x_i$$

$$= \frac{1}{m} \sum_{i=1}^{m} y_i(1 - y_i)x_i$$

$$\frac{\partial J}{\partial w} = \frac{1}{m} \sum_{i=1}^{m} y_i(1 - y_i)x_i \tag{2.16}$$

类似地，对 b 的求导过程如下：

$$\frac{\partial J}{\partial b} = \frac{\partial \dfrac{1}{m} \sum_{i=1}^{m} [f(wx_i + b) - \hat{y}]}{\partial b}$$

$$= \frac{1}{m} \sum_{i=1}^{m} [f'(wx_i + b)]$$

$$= \frac{1}{m} \sum_{i=1}^{m} f(wx_i + b)[1 - f(wx_i + b)]$$

$$= \frac{1}{m} \sum_{i=1}^{m} y_i(1 - y_i)$$

$$\frac{\partial J}{\partial b} = \frac{1}{m} \sum_{i=1}^{m} y_i(1 - y_i) \tag{2.17}$$

注意：如果不能理解具体的求导过程，可以在尝试理解过程的基础上直接记住最后的公式。

至此，我们成功地求出了两个梯度 $\dfrac{\partial J}{\partial w}$、$\dfrac{\partial J}{\partial b}$。接着利用式（2.15），可以反复更新 w 和 b，直到最终接近或等于所要实现的参数-5、-5。这就是梯度下降算法的全部内容，总体的过程总结如下：

（1）确定损失函数、激活函数。

（2）根据式（2.16）和式（2.17）求梯度 $\dfrac{\partial J}{\partial w}$、$\dfrac{\partial J}{\partial b}$。

（3）根据式（2.15）更新权值和偏置值。

（4）重复上述过程，直到寻找到损失函数的最优解或接近最优解。

最后，通过图形直观地感受梯度下降算法的具体过程。如图2.15所示，加入的初始参数在A点，经过第一次梯度下降，可能移动到了B点。然后经过多次的梯度下降，最终到达了最低点M点，成功找到损失函数的最优解。

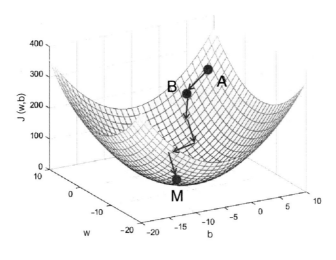

图 2.15 梯度下降算法

当然，如果学习率设置不合理，梯度下降算法就可能出现问题。图 2.16 所示是学习率设置过大的情况，从图中可以看出路径的改变幅度特别大，且迭代到最后也无法下降到 M 点。因此，学习率的选择十分重要，具体如何选择暂且不做讨论，该内容会在后面涉及优化网络的章节中进行详细讲解。

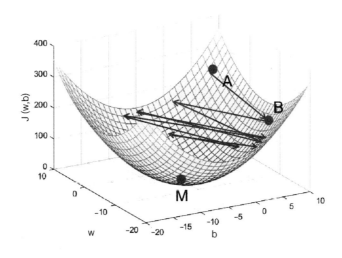

图 2.16 学习率设置过大的情况

2.6.2　反向传播算法

了解了梯度下降算法以后，即可学习单层神经网络的反向传播过程，它也是基于梯度下降算法的一种参数的更新过程。本小节讨论一种用来反向传播误差的delta规则。为了方便推导，本小节的讨论基于不考虑偏置值，并且采用交叉熵函数为损失函数，Sigmoid函数为激活函数。

假设图2.14所示的网络的期望输出为$\hat{y}$，实际输出为y，下面将整个误差反向传播回去以更新权值。

首先引入变量$\delta_i^{(l)}$，可以把它简单地理解为传递的误差大小，上标(l)用来区分层，下标i用来区分层中的不同节点。输出层的误差可以表示为：

$$\delta^{(2)} = y - \hat{y}$$

然后利用$\delta^{(2)}$来更新隐含层与输出层之间的连接权值，采用下面的规则进行更新：

$$w_{11}^{(2)} = w_{11}^{(2)} - \alpha\delta^{(2)}y_1$$
$$w_{12}^{(2)} = w_{12}^{(2)} - \alpha\delta^{(2)}y_2$$
$$w_{13}^{(2)} = w_{13}^{(2)} - \alpha\delta^{(2)}y_3$$
$$w_{14}^{(2)} = w_{14}^{(2)} - \alpha\delta^{(2)}y_4$$

式中，α为学习率；y_i为隐含层的第i个输出，也可以理解为输出层的第i个输入。

更新完隐含层与输出层之间的连接权值以后，开始更新输入层与隐含层之间的连接权值。在更新前必须要将输出层的误差传递到隐含层，误差的传递过程如下：

$$\delta_1^{(1)} = \delta^{(2)} w_{11}^{(2)}$$
$$\delta_2^{(1)} = \delta^{(2)} w_{12}^{(2)}$$
$$\delta_3^{(1)} = \delta^{(2)} w_{13}^{(2)}$$
$$\delta_4^{(1)} = \delta^{(2)} w_{14}^{(2)}$$

式中，$\delta_i^{(1)}$为隐含层的第i个节点的误差，它是由输出层误差传递过来的；$w_{ij}^{(2)}$为隐含层第j个节点与输出层的连接权值。

根据上式可以看出，误差的反向传播过程和输入的正向传播很类似，也是利用上一层的输入与连接权值相乘来进行传递，只不过方向不同。

误差传递到隐含层以后，更新输入层与隐含层之间的连接权值，更新过程如下：

$$w_{11}^{(1)} = w_{11}^{(1)} - \alpha\delta_1^{(1)}x_1$$
$$w_{21}^{(1)} = w_{21}^{(1)} - \alpha\delta_2^{(1)}x_1$$
$$w_{31}^{(1)} = w_{31}^{(1)} - \alpha\delta_3^{(1)}x_1$$
$$w_{41}^{(1)} = w_{41}^{(1)} - \alpha\delta_4^{(1)}x_1$$

$$w_{12}^{(1)} = w_{12}^{(1)} - \alpha\delta_1^{(1)}x_2$$
$$w_{22}^{(1)} = w_{22}^{(1)} - \alpha\delta_2^{(1)}x_2$$
$$w_{32}^{(1)} = w_{32}^{(1)} - \alpha\delta_3^{(1)}x_2$$
$$w_{42}^{(1)} = w_{42}^{(1)} - \alpha\delta_4^{(1)}x_2$$

为了能够让读者较好地理解到这一传播过程，这里详细地把每个参数的更新过程都列举了出来，这一过程与之前更新隐含层与输出层的连接权值的过程完全一致。

至此，已经更新完了整个网络的参数。下面对delta规则进行总结，其式如下：

$$w_{ij\ \text{new}}^{(l)} = w_{ij\ \text{pre}}^{(l)} - \alpha\delta_i^{(l)}x_j \tag{2.18}$$

式中，$w_{ij\,\text{new}}^{(l)}$为第l层的第i个节点与第$l-1$层的第j个节点更新后的连接权值；$w_{ij\,\text{pre}}^{(l)}$为其更新前的连接权值；α为学习率；$\delta_i^{(l)}$为第l层第i个节点的误差。

误差反向传播更新权值的过程总结如下：

（1）计算输出层误差$\delta^{(2)} = y - \hat{y}$。

（2）根据误差更新隐含层与输出层的连接权值：$w_{1j}^{(2)} = w_{1j}^{(2)} - \alpha\delta^{(2)}y_j$。

（3）将输出层误差反向传递到隐含层，计算隐含层各节点误差：$\delta_j^{(1)} = \delta^{(2)}w_{1j}^{(2)}$。

（4）利用传递过来的误差更新输入层与隐含层之间的连接权值：$w_{ij}^{(1)} = w_{ij}^{(1)} - \alpha\delta_i^{(1)}x_j$。

2.6.3 理解反向传播

式（2.18）代表了delta规则的精髓，也是反向传播算法更新权值的核心。通过2.6.2小节的学习，读者可能会产生这样的疑问：delta规则为什么是这样进行的？它与梯度下降算法究竟有什么关系？

本小节就来详细地推导delta规则的由来，本小节所有推导和2.6.2小节的标准完全相同，都基于不考虑偏置值，并且采用交叉熵函数为损失函数，Sigmoid函数为激活函数。

在2.6.1小节中，我们已经知道要想利用梯度下降法来更新权值，就必须要先计算$\dfrac{\partial J}{\partial w}$，然后利用式（2.15）来进行权值更新，并且推导了均方差损失函数的导数。本小节将推导交叉熵损失函数的导数。

交叉熵函数的表达式见式（2.14），交叉熵函数的求导过程如下：

$$\frac{\partial J}{\partial w} = \frac{\partial J}{\partial y_i}\frac{\partial y_i}{\partial w}$$

$$\frac{\partial J}{\partial y_i} = -\frac{1}{m}\sum_{i=1}^{m}\hat{y}\frac{1}{y_i} + (1-\hat{y})\frac{1}{1-y_i}(-1)$$

$$\frac{\partial y_i}{\partial w} = -\frac{1}{m}\sum_{i=1}^{m}\frac{\partial f(wx)}{\partial w} = -\frac{1}{m}\sum_{i=1}^{m}f'(wx)x$$

式中，$f'(\cdot)$为激活函数的导数。

由式（2.5）可知：

$$f'(wx) = f(wx)[1 - f(wx)] = y(1-y)$$

则有：

$$\frac{\partial J}{\partial w} = -\frac{1}{m}\sum_{i=1}^{m}\hat{y}\frac{1}{y_i} + (1-\hat{y})\frac{1}{1-y_i}(-1)f(wx)[1-f(wx)]x$$

$$= -\frac{1}{m}\sum_{i=1}^{m}\left[\hat{y}\frac{1}{y_i} + (1-\hat{y})\frac{1}{1-y_i}(-1)\right]y_i(1-y_i)x$$

$$= -\frac{1}{m}\sum_{i=1}^{m}\frac{\hat{y}-y_i}{y_i(1-y_i)}y_i(1-y_i)x$$

$$= -\frac{1}{m}\sum_{i=1}^{m}(\hat{y}-y_i)x$$

至此,我们推导出了交叉熵函数对 w 的导数。对于图 2.14 的输出层的一个节点来说,可以把上面的结果写成下面这个公式:

$$\frac{\partial J}{\partial w_{1j}} = (y - \hat{y}) y_j$$

其中,由于最后一层只有一个节点,因此 m 取 1,负号提到了括号中,x 换成了 y_j,因为在计算输出层的前向传播时,是把隐含层的输出当作输入的。回想 delta 规则,上式可以写为:

$$\frac{\partial J}{\partial w_{1j}} = \delta^{(2)} y_j$$

根据梯度下降算法,更新隐含层与输出层连接权值的过程如下:

$$w_{1j}^{(2)} = w_{1j}^{(2)} - \alpha \frac{\partial J}{\partial w_{1j}}$$

根据上面的推导,又可以得到:

$$w_{1j}^{(2)} = w_{1j}^{(2)} - \alpha \delta^{(2)} y_j$$

上式与 2.6.2 小节中的权值更新的 delta 规则完全一致。经过推导可以发现,反向传播算法的 delta 规则实际上就是梯度下降算法。

本小节对于 delta 规则的推导用到了许多高等数学的求导知识,如果读者不具备这些知识,可能看这些推导过程会觉得有些烦琐且难懂,但这并不影响对 delta 规则的运用。如果读者对这些公式的求导过程有一定的理解,就会对神经网络的误差反向传播过程理解得更加深刻。如果实在不能理解这些求导过程,则只需要记住下面两点即可:

(1)误差反向传播的 delta 规则就是采用梯度下降算法进行损失函数的优化。

(2)delta 规则的关键是:$w_{ij\ \text{new}}^{(l)} = w_{ij\ \text{pre}}^{(l)} - \alpha \delta_i^{(l)} x_j$,传递误差 delta 的方式与正向传递输入的过程类似,只是方向相反。

理解了这些反向过程,就表示已经具备了训练神经网络的能力。在今后写代码实现训练神经网络的过程中,所采用的原理就是本节的所有内容。

2.7 多层神经网络

在学习了单层神经网络的有关知识以后,本节开始讨论多层神经网络的结构,并讨论用一种参数的简化表示方法来表示多层神经网络的前向传播和反向传播过程。

2.7.1　多层神经网络的结构

如图2.17所示,含有多个隐含层的神经网络的结构称为多层神经网络,相对于单层神经网络来说,只是增加了隐含层的数量,让网络能够产生更多的连接以实现更加复杂的功能。

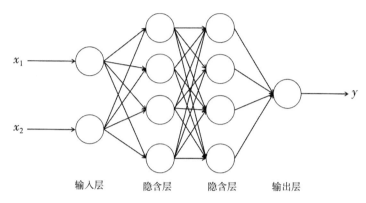

图 2.17　多层神经网络的结构

理论上,一个网络的隐含层的数量越多,它需要训练的参数也就越多,训练的难度也就越大,训练所需的样本也就越多,而性能一般也会越好。但这并不意味着增加隐含层的数量就可以获得更加强大的网络,还需要结合具体问题和具体样本进行具体的分析。

一般把层数不小于3的网络称为深度学习,深度学习技术在近来已经被证明可以解决许多问题,并且性能远远高于传统方法。

综上所述,多层神经网络带来的最大的好处就是让网络的性能变得更强,而这却带来了复杂的结构和繁多的参数。

2.7.2　参数向量化

多层神经网络带来的繁多参数依然可以用上标和下标的形式来简单的表达,第l个隐含层的输出可以表示为:

$$y_i^{(l)} = \sum_{j=1}^{m} w_{ij}^{(l)} x_j^{(l)}$$

式中,m为该层的输入数量。

注意:为了方便讨论,本小节默认的网络是没有偏置值的,同时当输出层也具有隐含层一样的功能时,也将其归为第l层之中。例如,图2.17中,输出层可以理解为第三层。

在编写程序时,需要用for循环实现每一个$y_i^{(l)}$的更新。同样地,在反向传播过程中,第l层隐含层的误差也可以表示为:

$$\delta_i^{(l)} = \sum_{j=1}^{m} w_{ij}^{(l+1)} \delta_j^{(l+1)}$$

误差的反向传播过程本质上和输入的前向传播过程没有太大区别,同样可以用for循环进行误差的更新。当开始尝试编写自己的程序时,会发现当一个网络的结构很深时,更新这些参数并不容易,并且在参数量特别大时,for循环更新的速度将会十分缓慢,这就会大大增加网络的训练时间,所以必须要考虑另外的编程策略。

一种常用的方法就是对网络参数进行向量化,将for循环改成矩阵运算,这将会大大提高参数更新的速度。

如图2.17所示的网络,一共有一个输入层、两个隐含层和一个输出层,输入层和隐含层的参数可以表示为$w_{ij}^{(1)}$,下标代表隐含层的第i个节点和输入层的第j个节点的连接。利用这些参数,进行前向传播的过程如下:

$$y_1^{(1)} = f\left(x_1 w_{11}^{(1)} + x_2 w_{12}^{(1)}\right)$$

$$y_2^{(1)} = f\left(x_1 w_{21}^{(1)} + x_2 w_{22}^{(1)}\right)$$

$$y_3^{(1)} = f\left(x_1 w_{31}^{(1)} + x_2 w_{32}^{(1)}\right)$$

$$y_4^{(1)} = f\left(x_1 w_{41}^{(1)} + x_2 w_{42}^{(1)}\right)$$

因为参数比较少,所以这个过程的表达式看起来还可以接受。试想输入如果不是2个,而是20000个;而隐含层的节点也不是4个,而是40000个,那么表达过程的公式会变得多么冗长!

把$w_{ij}^{(1)}$写成一个矩阵形式,i和j代表矩阵每个元素的下标,如下:

$$\boldsymbol{w}^{(1)} = \begin{bmatrix} w_{11}^{(1)} & w_{12}^{(1)} \\ w_{21}^{(1)} & w_{22}^{(1)} \\ w_{31}^{(1)} & w_{32}^{(1)} \\ w_{41}^{(1)} & w_{42}^{(1)} \end{bmatrix}$$

这是一个4行2列的权值矩阵,行数代表隐含层的节点数,列数代表输出层的节点数,该矩阵完美地表示了输入层与隐含层所有的连接权值。

把输入也写成一个矩阵形式,如下:

$$\boldsymbol{x}^{(1)} = \begin{bmatrix} x_1^{(1)} \\ x_2^{(1)} \end{bmatrix}$$

注意:这里的输入添加了上标,目的是让输入的表示更加具有普遍性。在输入前向传播的过程中,某一层的输出也可以代表下一层的输入,所以也可以采用上标来进行区分。

经过这样的处理后,输出就可以简单地用如下矩阵相乘的形式来表达:

$$\boldsymbol{y}^{(1)} = f\left(\boldsymbol{w}^{(1)}\boldsymbol{x}^{(1)}\right)$$

这是一个 4×2 矩阵与 2×1 矩阵的乘法运算,最终得到的结果是一个 4×1 的矩阵:

$$\boldsymbol{y}^{(1)} = f\left(\boldsymbol{w}^{(1)}\boldsymbol{x}^{(1)}\right) = \begin{bmatrix} f\left(w_{11}^{(1)}x_1^{(1)} + w_{12}^{(1)}x_2^{(1)}\right) \\ f\left(w_{21}^{(1)}x_1^{(1)} + w_{22}^{(1)}x_2^{(1)}\right) \\ f\left(w_{31}^{(1)}x_1^{(1)} + w_{32}^{(1)}x_2^{(1)}\right) \\ f\left(w_{41}^{(1)}x_1^{(1)} + w_{42}^{(1)}x_2^{(1)}\right) \end{bmatrix}$$

该矩阵和之前的前向传播过程完全对应。由于这一层的输出可以看作下一层的输入,因此还可以把矩阵写成如下形式:

$$\boldsymbol{w}^{(1)}\boldsymbol{x}^{(1)} = \begin{bmatrix} x_1^{(2)} \\ x_2^{(2)} \\ x_3^{(2)} \\ x_4^{(2)} \end{bmatrix}$$

图 2.17 完整的前向传播的向量化表达过程如下:

$$\boldsymbol{y}^{(1)} = f\left(\boldsymbol{w}^{(1)}\boldsymbol{x}^{(1)}\right)$$
$$\boldsymbol{y}^{(2)} = f\left(\boldsymbol{w}^{(2)}\boldsymbol{x}^{(2)}\right) = f\left(\boldsymbol{w}^{(2)}\boldsymbol{y}^{(1)}\right)$$
$$\boldsymbol{y}^{(3)} = f\left(\boldsymbol{w}^{(3)}\boldsymbol{x}^{(3)}\right) = f\left(\boldsymbol{w}^{(3)}\boldsymbol{y}^{(2)}\right)$$

类似地,误差的反向传播过程的向量化表达过程如下:

$$\boldsymbol{\delta}^{(4)} = \boldsymbol{y}^{(4)} - \hat{\boldsymbol{y}}$$
$$\boldsymbol{\delta}^{(3)} = \boldsymbol{w}^{(3)\,\mathrm{T}}\boldsymbol{\delta}^{(4)}$$
$$\boldsymbol{\delta}^{(2)} = \boldsymbol{w}^{(2)\,\mathrm{T}}\boldsymbol{\delta}^{(3)}$$
$$\boldsymbol{\delta}^{(1)} = \boldsymbol{w}^{(1)\,\mathrm{T}}\boldsymbol{\delta}^{(2)}$$

这个过程唯一不同的是,采用了权值矩阵的转置与上一层的误差相乘,不理解的读者可以自行推导,难度并不大。

以上的向量化过程不仅简化了表达式,而且能够大大加快程序的运行速度。因为矩阵的运算在各种编程语言中都已经有集成好的函数包,这些函数包已经是经过了许多数值运算专家的高度优化,所以运算的速度特别快,相比 for 循环是一个数量级的提升,因此向量化过程十分重要。

参数向量化之后的多层神经网络的前向传播和反向传播的表达式总结如下:

$$\boldsymbol{y}^{(l)} = f\left(\boldsymbol{w}^{(l)}\boldsymbol{x}^{(l)}\right) = f\left(\boldsymbol{w}^{(l)}\boldsymbol{y}^{(l-1)}\right) \tag{2.19}$$

$$\boldsymbol{\delta}^{(l)} = \boldsymbol{y}^{(l)} - \hat{\boldsymbol{y}}$$
$$\boldsymbol{\delta}^{(l-1)} = \boldsymbol{w}^{(l-1)\,\mathrm{T}}\boldsymbol{\delta}^{(l)} \tag{2.20}$$

需要注意的是,式(2.19)和式(2.20)中的每个量都代表一个矩阵。

2.8 卷积神经网络

在讨论了基本的神经网络结构及前向传播与反向传播过程之后,我们已经具备了运用多层神经网络解决问题的能力。但是,在处理图像相关问题时,由于像素点的数量特别多、输入特别大,多层神经网络将会在速度上或其他性能上获得较差的表现。本节将介绍一种新的神经网络——卷积神经网络,用来解决上述问题,并将讨论卷积操作及池化操作究竟是如何进行的。

2.8.1 卷积神经网络简介

卷积神经网络是一种基于卷积操作的多层神经网络,是深度学习的代表算法之一。它不仅用于计算机视觉领域,甚至在语音识别等其他与图像无关的领域也被广泛应用。随着深度学习近年来的火爆,卷积神经网络的潜力正在被不断挖掘,不断呈现出新的令人惊奇的应用。

1988 年,张伟提出了第一个二维卷积神经网络——平移不变人工神经网络(Shift-Invariant Artificial Neural Network, SIANN),并将其应用于检测医学影像。Yann LeCun 在 1989 年同样构建了应用于计算机视觉问题的卷积神经网络,即 LeNet 的最初版本。LeNet 包含两个卷积层和两个全连接层,共计 6 万个学习参数,且在结构上与现代的卷积神经网络十分接近。LeCun 对权重进行随机初始化后使用了随机梯度下降(Stochastic Gradient Descent, SGD)进行学习,这一策略被其后的深度学习研究所保留。此外,LeCun 在论述其网络结构时首次使用了"卷积"一词,"卷积神经网络"这一名称也是由此而来。在 LeNet 的基础上,1998 年 Yann LeCun 及其合作者构建了更加完备的卷积神经网络 LeNet-5(图 2.18)并在手写数字的识别问题中取得成功。LeNet-5 沿用了 LeCun 的学习策略并在原有设计中加入了池化层对输入特征进行筛选。LeNet-5 及其后产生的变体定义了现代卷积神经网络的基本结构,其构筑中交替出现的卷积层-池化层被认为能够提取输入图像的平移不变特征。这种卷积层加池化层的基本结构也成为现代深度学习领域中,构建卷积神经网络的主流结构。

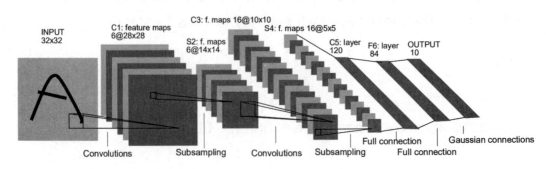

图 2.18　LeNet-5 卷积神经网络

2.8.2　卷积核

卷积核(Convolution Kernel)是一种在进行图像处理时,给定输入图像,对输入图像中的某一个小的区域进行某种加权求和运算的核函数。在图像处理中,卷积核也被用作锐化和提取边缘。

在定义一个卷积核时主要需要关注两个方面,一个是卷积核的尺寸,另一个是卷积核的参数。图2.19所示是一个拉普拉斯算子,也可以说是一个3×3的卷积核,它的作用是提取边缘,如图2.20所示,图像经过了拉普拉斯算子的卷积操作就变成了一幅边缘信息明显的图像。

图2.19　拉普拉斯算子

图2.20　拉普拉斯卷积提取边缘

如果更改卷积核中的参数或尺寸,就会赋予卷积核提取不同特征的能力。卷积核能够提取图像中的某些特征的这个功能,就决定了它能够被运用在卷积神经网络中。在卷积神经网络中,卷积核的参数类似于多层神经网络中的权值,通过训练优化卷积核的参数就能够让卷积核提取出所需要的特征,从而来解决某一类问题,这就是卷积神经网络的基本思想。

需要注意的是,一个卷积神经网络中的卷积核数量是非常多的,因为通常要提取的特征也特别多。例如,不仅要提取纵向边缘特征,还要提取横向边缘特征。所以,要提取的特征往往是在高维度上的,而且越到网络深的地方,这些特征越不易被人所理解,这也符合隐含层的黑箱性质。

2.8.3 卷积操作

在正式讨论卷积操作的过程之前,还有两个概念需要掌握——步长(Stride)和边界(Padding)。

卷积的步长就是卷积核移动的距离,在进行卷积操作时,需要通过在图像上移动卷积核来对图像进行处理。假如有一幅图2.21所示的图像,其尺寸为9×9,每一个像素点的数值都代表灰度值。下面利用图2.19所示的卷积核对这幅图像进行卷积。

2	2	3	4	5	4
1	4	5	3	4	5
0	6	7	8	7	0
4	6	4	5	0	5
3	6	0	5	6	5
5	4	5	0	7	0

图 2.21　图像示例

步长为1的卷积核移动过程如图2.22所示,卷积核的移动遵循"自左至右,自上而下"的原则。步长为2的卷积移动过程如图2.23所示,在卷积核按照步长移动发现不足位时,直接移动到下一目标点再继续移动。

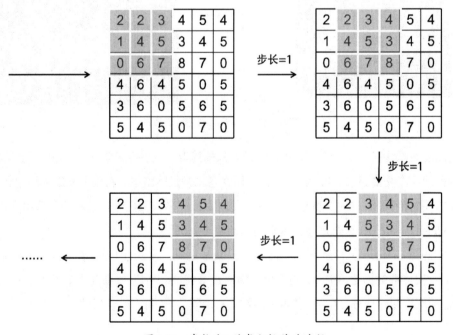

图 2.22　步长为1的卷积核移动过程

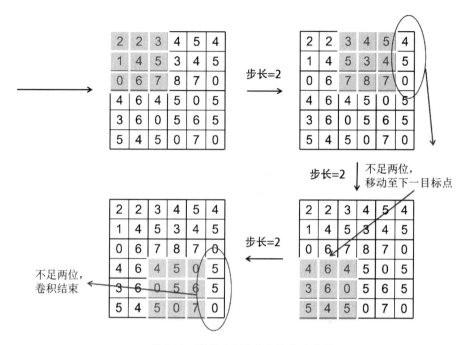

图 2.23　步长为 2 的卷积核移动过程

在位数不足时，步长选择不合适就会发生图 2.23 所示的部分边界没有参与卷积操作的情况，而加边界可以用来解决这一问题。在图像周围添加像素，一般来说采用 zero-padding，即零填充，如图 2.24 所示，在图像周围添加一圈灰度值为 0 的像素，这样在卷积操作进行时即可充分提取图像边缘的信息。

0	0	0	0	0	0	0
0	2	2	3	4	5	0
0	1	4	5	3	4	0
0	0	6	7	8	7	0
0	4	6	4	5	0	0
0	3	6	0	5	6	0
0	5	4	5	0	7	0
0	0	0	0	0	0	0

图 2.24　零填充

下面利用图 2.19 所示卷积核对图 2.21 所示的图像示例进行卷积操作，把步长设置为 3，这样得到的新的图像的尺寸就是 4×4。获得新图像的第一个像素的过程如图 2.25 所示，把卷积核的参数与图像中对应位置的参数相乘,最后求和,得到的像素值作为新图像的第一个像素。后面得到像素值的方法与之类似,完整卷积过程如图2.26所示。

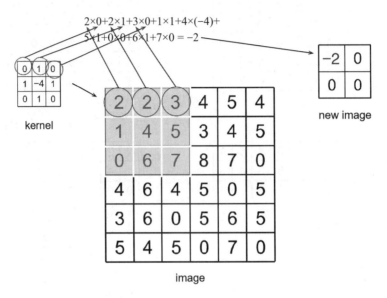

图2.25　获得第一个像素的过程

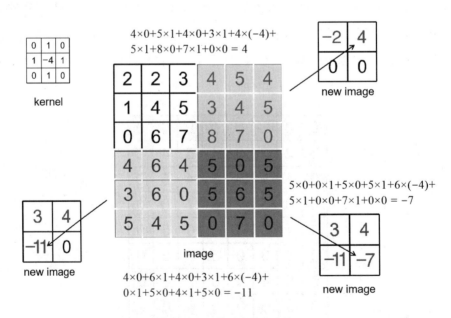

图2.26　完整卷积过程

注意:图2.26中的new image出现负数,但实际图像中的像素值范围是0~255。一般对于运算中出现的负数,都统一处理为0,这里为了让读者更好地理解卷积过程,省略了对负值的处理。

经过卷积操作后,图像的尺寸一般都会变小,而提取出来的新图像就可以作为图像的特征,至于是图像的哪方面特征,还要取决于卷积核的具体参数。这种卷积提取特征的操作在卷积神经网络中特别重要。

2.8.4 池化操作

在卷积神经网络中另一种常用的操作就是池化操作,池化操作和卷积操作一样,也可以迅速提取图像的特征。池化操作中也有步长的概念,而且在进行池化之前还要确定核尺寸。

常用的池化操作有两种,即平均池化(Average Pooling)和最大池化(Maximum Pooling)。平均池化在卷积神经网络发展的初期比较受欢迎,其主要过程如图 2.27 所示,其运算过程就是将核尺寸内的像素值进行取平均值运算,结果作为新图像的像素值。核移动的方向与卷积操作完全相同,也遵循"自左至右,自上而下"的原则,唯一的区别就是池化操作并没有需要训练的参数,其内核并不是一个核函数,更像是一种模板。

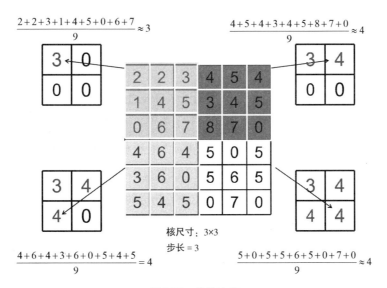

图 2.27 平均池化

平均池化可以提取出图像中某一区域内的像素的平均化特征,并且可以通过合理的设置步长快速减小图像的尺寸。但是,平均池化的使用在现代卷积神经网络中已经很少见了,目前比较流行的是另外一种性能更好的最大池化,其主要过程如图 2.28 所示。最大池化认为,图像的某个区域内,像素的最大值最能代表这个区域内的特征,所以采用取最大值的方式来提取特征。这种提取方式目前已经有很广泛的运用,大量的实验表明,最大池化提取特征的方式是合理的,且性能要优于平均池化。

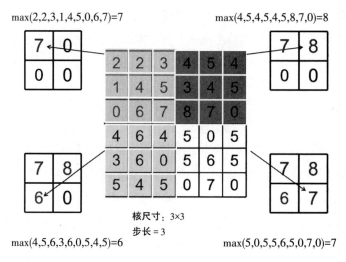

图 2.28　最大池化

2.8.5　卷积层

卷积层（Convolution Layer）通常作为卷积神经网络的第一层，直接与输入相连接，如图 2.29 所示。可以简单地把卷积层的连接类比到多层神经网络不同层之间的连接，图 2.29 中的 X 相当于多层神经网络的输入层；而卷积核的部分，即 W 的部分，相当于多层神经网络的连接权值；Y 部分相当于多层神经网络的输出层。W 部分中，卷积核的个数往往不为 1，会是一个很大的数，这样可以通过多个不同的卷积核提取出 X 的多维特征。如图 2.29 所示，一共有 n 个卷积核，步长为 3，核尺寸为 3×3，每个卷积核会得到一个尺寸为 4×4 的新图像，从本小节开始把这个得到的新的图像称为特征图（Feature Map）。把这些图像组合成一个 $n \times 4 \times 4$ 的长方体，则 n 个卷积核就会得到 $n \times 4 \times 4$ 维的特征图。

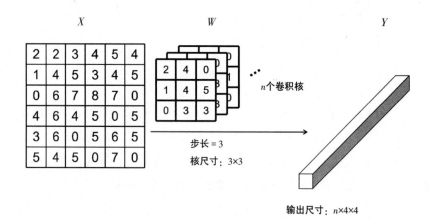

图 2.29　卷积层与输入的连接

下面介绍卷积层与卷积层之间的连接方式，如图 2.30 所示，这个过程可能比较难理解，因为其中涉及了多维卷积的知识。关于多维卷积这里暂且不提,目前读者需要了解的就是输出的特征图的维度只与 W 部分卷积核的数量有关。因此,在图2.30中,用 m 个卷积核对上一层得到的 $n \times 6 \times 6$ 维的特征图进行卷积操作,最后得到的特征图的维度是 $m \times 4 \times 4$。

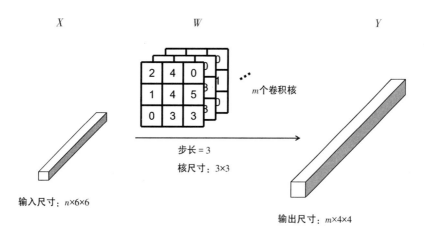

图2.30 卷积层与卷积层的连接

2.8.6 池化层

池化层(Pooling Layer)在卷积神经网络中通常设置在卷积层之后,用来缩小特征图尺寸或进一步提取特征。它与卷积层的典型连接如图2.31所示,图中 P 部分代表池化层部分,由于经过卷积层之后得到的特征图尺寸是 $m \times 4 \times 4$,因此采用步长为2,核尺寸为2的池化模板来对其进行池化操作,最终得到的特征图的深度不变,尺寸却变为 2×2。

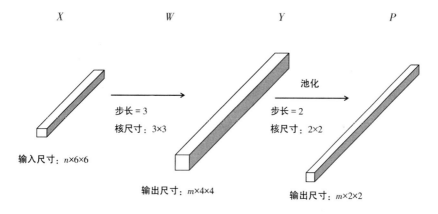

图2.31 卷积层与池化层的连接

2.8.7　全连接层

通常一个卷积神经网络的最后部分,都要通过全连接层(Fully Connected Layer)来进行非线性映射。通过卷积层的特征提取,最后将这些特征归于一维,然后送入全连接层进行非线性关系的学习,最后使得问题得到解决。全连接层的本质与多层神经网络并无区别,如图2.32所示,在卷积层的最后将用长方体表示的特征图改成一维,作为全连接层的输入,这个输入本质上是与多层神经网络的输入层完全相同的,然后经过与多个隐含层的连接,最后连接到输出层。

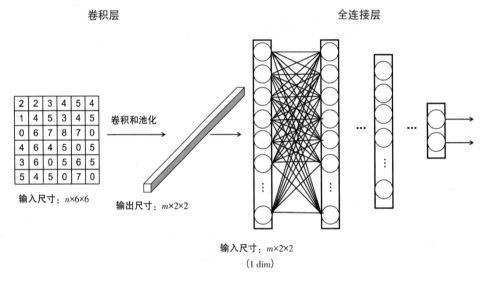

图 2.32　全连接层与卷积层的连接

至此,卷积神经网络的结构已全部介绍完毕,读者可以尝试搭建属于自己的卷积神经网络。本节并未讨论卷积神经网络的前向传播和反向传播过程,这些过程本质上与多层神经网络的前向传播和反向传播过程并无不同之处,但是其中涉及的一些表示方式可能晦涩难懂,本书将不予讨论,而这些并不会影响之后对于卷积神经网络的运用。

本节所讨论的卷积神经网络属于比较基础性的知识,有兴趣的读者可以提前翻阅本书第9章,进一步学习卷积神经网络的有关知识。

小结

本章详细讨论了有关神经网络的大部分基础知识,从最简单的感知器模型到损失函数与激活函

数的定义,由单层神经网络到多层神经网络的构建,最后介绍了卷积神经网络的有关知识。学完本章后,读者应该能够回答以下问题:

(1) 如何构建感知器模型?

(2) 激活函数和损失函数的定义是什么?

(3) 常见的激活函数、损失函数有哪些? 分别有什么优缺点?

(4) 梯度下降算法的具体过程是什么?

(5) 如何构建单层神经网络和多层神经网络?

(6) 前向传播算法是什么?

(7) 反向传播算法是什么?

(8) 如何利用反向传播算法来训练神经网络?

(9) 什么是卷积神经网络?

(10) 如何进行卷积操作及如何构建卷积层?

(11) 如何进行池化操作及如何构建池化层?

(12) 全连接层的本质是什么? 有什么作用?

第 3 章

实战前的预备知识

　　本章为理论与实战的过渡章节，将会讨论一些有关计算机程序的基础知识，以及具体训练神经网络时样本的预处理过程。

本章主要涉及的知识点

- 神经网络程序的特点及开发流程。
- GPU 与 CPU 的区别。
- 归一化的定义与方法。
- Mini-Batch 的含义。
- Tensor 类型变量。
- 神经网络训练集的选择。
- 神经网络测试集的选择。

3.1 计算机程序

我们每天在使用个人计算机处理各种问题时,总是会面对各种各样的计算机程序(Computer Program),它们从类型到大小及复杂程度都各不相同。同样地,在进行神经网络的训练和测试时,也需要编写相应的程序来实现算法。那么,计算机程序究竟是如何定义的? 应该如何开发自己的计算机程序呢?

3.1.1 计算机程序简介

计算机程序也称为软件(Software),是指一组指示计算机或其他具有信息处理能力装置执行动作或做出判断的指令,通常用某种程序设计语言编写,运行于某种目标计算机体系结构之上。与硬件不同的是,计算机程序的本质是由一组指令组成,而不是由某种电路组成,这些指令经过合理的组织,便可以控制硬件操作。

如图3.1所示,计算机程序大致可以分为两类:系统软件和应用软件。

图 3.1　计算机程序的组成

系统软件控制和协调计算机的硬件设备,主要功能是调度、监控和维护计算机系统。其中,操作系统为用户提供人机交互的接口,程序设计语言及编译器为用户提供处理高级编程语言的接口,数据库管理系统在软件层面管理计算机系统的数据存储等过程。应用软件则是与系统软件相对应的,用户使用各种编程语言所编写的程序的集合,包括办公软件、游戏软件等。编程软件也属于应用软件的一种,而高级语言的编译器则属于系统软件。

本书第4章中介绍的PyCharm集成环境就是一种编程软件,属于应用软件层面,而其中Python编程语言及对应解释器则属于系统软件层面。利用Python语言编写的一些程序的集合也可以称为应用软件。如图3.2所示。

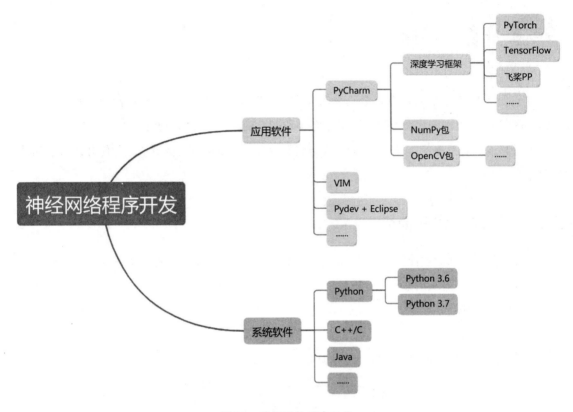

图 3.2　神经网络程序开发

3.1.2　计算机程序的执行过程

假如有如下一段 Python 程序：

```
if __name__ == '__main__':  # 主程序
    print('Hello world!')
```

计算机是如何运行这段程序并最后输出"Hello world!"的呢？计算机是不会理解高级语言的，它只能识别 0 和 1，所以需要将这段 Python 语言翻译成计算机能理解的语言。

在使用类似 C 语言这种需要编译的高级语言时，我们需要对写好的程序首先进行编译，编译成计算机能够理解的机器语言，然后导入 CPU 中运行。而 Python 略有不同，它是一种解释型语言，没有编译过程，其在程序执行时一边运行一边由解释器来进行解释。该过程类似于同声传译，解释器担任翻译官的角色，只有它将程序解释给 CPU 听，CPU 才会明白这段程序要怎么执行。Hello world 程序的执行过程如图 3.3 所示。

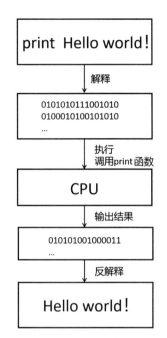

图 3.3　Hello world 程序的执行过程

print 实际上是集成的一个输出函数,在将整段语言翻译成机器语言导入 CPU 时,需要调用 print 函数来实现输出结果的操作。最后 CPU 输出的结果仍为 CPU 自己能够理解的机器语言,还需要通过一种反解释过程来实现最后输出。

总的来说,高级语言编写的程序的执行过程就是要通过编译或解释的过程,将高级语言转换成计算机能够理解的机器语言,导入 CPU 中,然后由 CPU 开始执行,最后输出结果。本节将不会深入讨论有关计算机程序执行过程的具体细节,因为那已经超出了本书的范畴,但笔者希望读者能够通过这段简单的语言描述对计算机程序的执行过程有一个直观的感受。

3.1.3　计算机程序的开发流程

在专业的软件开发有关书籍上,计算机程序的开发流程可能会被详细地分为需求分析、概要设计、详细设计、编码、测试、软件交付、验收、维护等步骤,每一步都十分重要。而本书中的计算机程序只是为了实现神经网络的有关算法,所以对开发流程进行了一定程度的简化。

神经网络程序的开发流程如图 3.4 所示,大致分为需求分析、设计、训练、测试、移植和部署、维护等阶段。

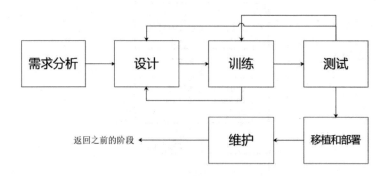

图 3.4　神经网络程序的开发流程

(1) 需求分析阶段:需要分析所要解决的问题,如网络是要解决拟合问题、分类问题还是目标检测问题? 根据具体的问题进行详细的分析,得到需求的初步解决方案。

(2) 设计阶段:完成网络结构的设计、样本集的构建和损失函数的选择、学习算法的选择,根据一定的原理设计好实现整个算法的具体结构和接口,以便进行下一步的测试。设计阶段十分重要,它甚至决定了整个程序的开发周期,如果网络结构设计不合理,或者训练集构建不合理,都会导致后面的步骤无法得到预期的效果而被迫返回设计阶段进行重新设计。

(3) 训练阶段:当设计好所有的网络结构,也构建好样本集后,就开启了网络的训练阶段。神经网络的训练并不是一蹴而就的,往往需要一个漫长的过程去调试参数,有时甚至经过一个很长的周期也不一定会得到理想的结果。在这一阶段,如果发现经过了大量的调试过程仍无法得到正常的结果,可以检查在这之前的步骤是否存在问题。

(4) 测试阶段:当训练的网络得到了比较好的结果时,即开始使用测试集对网络的性能进行测试。测试过程中,经常要用一些参数来表示网络的性能。例如,测试图像的超分辨率(Super-Resolution,SR)问题时,经常用PSNR和SSIM两个参数来衡量通过网络得到的SR图像的质量,从而估计网络的性能;在一个分类问题中,可以通过网络判断分类标签的准确率来衡量网络的性能;在一个曲线拟合问题中,可以绘制最后拟合的曲线与待拟合曲线进行对比,进行直观的性能判断,进一步地,也可以计算MSE来衡量拟合曲线的误差和大小,从而衡量网络的性能。

(5) 移植和部署阶段:把训练好、测试好的网络进行移植,部署到具体的应用场景之中。

(6) 维护阶段:根据具体应用场景中网络在运行时出现的问题对网络进行维护升级。

这里在学习神经网络时暂时不会涉及最后两个阶段。测试阶段十分重要,我们往往需要通过得到最后的有关参数来判断设计的算法最终是否达到了理想的效果。

3.1.4　计算机程序的特点

计算机程序有六大特性:功能性、可靠性、可用性、效率、可维护性、可移植性。神经网络程序同样具有这样的特性,而且除了这几大特性以外,神经网络程序的复制性也很好,完全可以复制其他人已经写好的网络结构来进行自己的神经网络程序的开发。接口丰富也是神经网络程序的特点,要实现一个神经网络算法,往往需要进行各种数学运算,包括矩阵运算、张量运算、数据转换等。要完成如此复杂的运算,不仅要求程序员能够自己书写代码,还要求能够调用许多功能强大的库,这就决定了在程序的设计过程中,程序员将会面对大量的接口,而一旦熟悉了这些接口的使用,将会使得程序设计过程变得更加高效。

不同于硬件的是,计算机程序具有易修改性,因此在程序出现问题时程序员可以反复进行修改,而硬件设计一旦成型便很难进行修改,这也是计算机程序的一大特点。

3.2 加速训练

在进行神经网络训练时,有时会发现网络训练的速度特别慢,有时甚至看不到收敛的趋势,那么有没有什么方法能够加速训练呢?本节将介绍几种加速训练的基础方法,这些方法都很容易理解且易于实现。

3.2.1 CPU与GPU

CPU是计算机的“心脏”,是计算机系统的控制和运算的核心,能够以非常快的速度来执行非常复杂的指令。在一个神经网络程序中,其实需要执行的指令数非常有限,其大多数时间是在做着一件重复的事情,即运算更新神经网络的参数。如果样本数量很有限,并且要解决或拟合的并不是一个特别复杂的问题,选择使用CPU执行程序是完全没有问题的;但是如果样本数量特别多,可能会达到千万数量级,并且面对的问题也特别复杂,需要很深的网络才能解决,而这时如果还采用CPU运行,就会显得力不能及了。

GPU(Graphics Processing Unit,图形处理器)是一种专门在计算机等设备上进行图像和图形等相关运算的微处理器。简单的理解就是,GPU是一种专门进行运算的处理器;而CPU不仅要进行运算,还要进行控制等其他操作。所以,在进行大量的、重复性的数值运算时,GPU的优势就会凸显出来,速度将会得到显著提升。

需要注意的是,一个神经网络程序的运行,或者说一个神经网络的训练,不可能仅仅依靠GPU单独完成,这是因为在执行一些指令或进行一些函数的调用时,都需要CPU来完成相应的操作,所以一台没有CPU的计算机是不可能完成程序的执行的,当然这种假设也不会存在。

采用GPU训练网络的大概流程如图3.5所示,神经网络程序的执行一定是从CPU开始的,在书写代码时如果不采用特殊的接口,代码将默认在CPU上执行。要使用GPU,需要先将网络结构、网络参数等从CPU的缓存中加载到GPU的内存中,之后进行的运算即为完全采用GPU的运算。而GPU的运算结果一般需要在最后重新返回给CPU,进行后续处理。

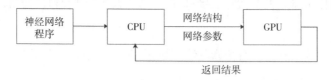

图3.5 采用GPU训练网络的大概流程

本书中所有的网络训练程序都会采用GPU进行,采用的GPU型号为NVIDIA GeForce GTX 1660 Ti。采用GPU训练并不是一件复杂的事情,因为在Python中已经集成了很方便的接口,在使用GPU时只需要进行简单的代码修改便可以实现,如下:

```
myNet = myNet.cuda()     # 将网络myNet传入GPU中
x = x.cuda()             # 将输入x传入GPU中
```

上述代码展示了如何将网络结构myNet及输入x从CPU传入GPU中,方法就是加扩展名.cuda()。该段代码是在CPU中执行的,执行的结果是将myNet及x传入GPU,后面对其所有运算都将在GPU中进行。.cuda()仅仅是在Python中使用PyTorch深度学习框架中的一个GPU接口,在其他不同的高级语言或框架下,接口可能会有所不同。

类似地,如果想把GPU的数据传回CPU,在PyTorch中也只需下面简单的两行代码:

```
myNet = myNet.cpu()      # 将网络myNet传入CPU中
x = x.cpu()              # 将输入x传入CPU中
```

3.2.2　归一化

归一化(Normalization)是指将在一定范围内的数值样本集转换到0~1的范围内,也可以将在一定范围内的数值样本集转换到另一个与之不同的范围内。

归一化的意义在于,可以很好地控制输入集的范围,以便它不至于过大或过小。因为网络需要进行特别复杂的运算,如果数值过大,会在一定程度上降低网络运行速度,这时将输入的范围控制在0~1,就是一个很好的选择。

归一化的方法有很多,这里讨论一种比较常用的方法——最大最小归一化,如下:

$$x' = \frac{x - x_{\min}}{x_{\max} - x_{\min}} \tag{3.1}$$

式中,x'为归一化之后的数值;x为所要归一化的数值;$x_{\min}$为原数集中最小的数值;$x_{\max}$为原数集中最大的数值。

为了更好地理解归一化过程及式(3.1),下面来看一个归一化的简单实例。假如要对一个样本集 [33,95,43,67]进行归一化操作,根据式(3.1),归一化过程如下:

$$x_1 = \frac{33-33}{95-33} = 0.0000$$

$$x_2 = \frac{95-33}{95-33} = 1.0000$$

$$x_3 = \frac{95-43}{95-33} \approx 0.8387$$

$$x_4 = \frac{95-67}{95-33} \approx 0.4516$$

经过归一化操作以后,样本集就变成了[0.0000,1.0000,0.8387,0.4516],可以直观地看到,样本集中最大的值变成了1,最小的值变成了0,其余的值都在0~1的范围内。

将归一化的结果输入网络,会大大减少网络的运算代价。在最终想要得到正确的结果时,需要反归一化将数值重新转换回原来的范围,这个相应的逆过程也十分简单,这里不再赘述。

最后介绍一种比较简单的归一化处理方法,在进行图像的归一化时,由于每个像素值都在0~255,因此通常在对像素值进行归一化时,可以让每个像素值直接除255,这样得到的值就都会在0~1,而相应的逆过程就是再将每个像素值乘255。这种处理方法十分简单,且在大部分情况下十分有效,读者可以在以后归一化处理问题时参考这种方法。

3.2.3　其他学习算法

2.6节讨论了梯度下降算法及基于梯度下降算法的反向传播算法,但是神经网络的学习方法不止这一种算法,许多情况下,梯度下降算法并不是最好的选择。因此,可以采用更好的学习算法来加速训练。

在本书后面采用的深度学习框架PyTorch中集成了许多非常好的学习算法,通常把这些算法称为优化器(Optimizer)。PyTorch中主要集成的优化器如下:

(1) SGD优化器。SGD优化算法全称是随机梯度下降算法,可以简单理解为梯度下降算法的改进版。每次进行梯度下降时,不是选取所有的样本,而是随机选取一小部分进行运算,对于大样本训练具有更好的性能。

(2) ASGD优化器。ASGD优化算法全称是随机平均梯度下降算法,简单来说就是一种用空间换取时间的随机梯度下降算法,属于SGD的改进版。

(3) Rprop优化器。Rprop优化算法全称是弹性反向传播算法,该算法适合全样本的训练,目前已经很少应用。

（4）Adagrad优化器。Adagrad是一种自适应优化算法，自适应地为各个参数分配不同的学习率。学习率的变化会受到梯度大小和迭代次数的影响。梯度越大，学习率越小；梯度越小，学习率越大。其缺点是训练后期学习率过小，因为Adagrad累加之前所有的梯度平方作为分母。

（5）Adadelta优化器。Adadelta是Adagrad的改进，Adadelta分母中采用距离当前时间点比较近的累计项，可以避免在训练后期出现学习率过小的问题。

（6）RMSprop优化器。RMS表示均方根（Root Meam Square）。RMSprop也是对Adagrad的一种改进。RMSprop采用均方根作为分母，可缓解Adagrad学习率下降较快的问题。

（7）Adam优化器。Adam是一种自适应学习率的优化算法，Adam利用梯度的一阶矩估计和二阶矩估计动态地调整学习率。这个算法十分好用，在本书中会有许多实例采用此算法。相比SGD，Adam优化算法可以大大加快网络的训练速度。

（8）Adamax优化器。Adamax相比Adam增加了一个学习率上限的概念，所以也称为Adamax。

（9）SparseAdam优化器。SparseAdam是针对稀疏张量的一种优化算法。

（10）L-BFGS优化器。L-BFGS属于拟牛顿算法，特点是节省内存。

读者无须理解以上这些算法的细节，只要能够在合适的时机使用这些算法来加速网络训练即可。本书中较常用的两种算法是SGD算法和Adam优化算法，在之后的实例中会再进行一些细节的讨论。当然，不知道这些细节也完全不会影响对这些算法的使用。

3.2.4 Mini-Batch

前面介绍的这些优化算法，每次对网络的参数更新方式实际上可以分为两种。一种方法是遍历全部训练集进行运算，得到一次损失函数的值，然后更新参数。这种方法每更新一次参数都要把训练集里的所有样本都计算一遍，计算开销大，计算速度慢。这种方法也称为批梯度下降（Batch Gradient Descent）。

另一种方法是每输入一个样本就计算一次损失函数的值，然后更新参数，随机梯度下降算法主要采用的就是该原理。这种方法的优点是速度比较快，但是收敛性能不太好。

为了克服上述两种方法的缺点，可以采用一种折中手段——小批量梯度下降（Mini-Batch Gradient Decent）方法。这种方法把训练集分为若干个批次，按批次来更新参数，一个批次中的一组数据共同决定了本次梯度的方向，下降起来就不容易出现不易收敛的问题，同时也减少了随机性。另外，因为批的样本数与整个数据集相比小了很多，所以计算量不是很大，同时也减小了硬件的负担。

这里引入两个在神经网络的训练中常常遇到的概念，即epoch和iteration。一个epoch内网络训练会遍历所有样本，一个iteration内网络训练会遍历一个批次中所有样本。例如，有一个训练集，样本数为20000，取小批次样本的数量为200，即将Batch-size设置为200，那么一个epoch中就会经过100个iteration，即在编写for循环实现Mini-Batch时，需要将iteration设置为100。如果想要一共训练1000个

epoch，在Python中就可以像下面这样写两个for循环：

```
for epoch in range(1000):          # 设置epoch为1000
    for iteration in range(100):   # 设置iteration为100
        ...
```

读者可能会有疑问，为什么不能直接把20000个样本一起输入网络进行训练？如果这样做，程序很有可能会报错，一般会出现Out of memory的错误，即内存不足。无论是CPU还是GPU，其内存都是有限的，当样本数量特别大时，一次将所有样本送入CPU或GPU中会超过其内存容量，所以在运行时会报错。而采用Mini-Batch方法则会很好地解决这一问题。

通常情况下，Batch-size的大小不宜设置过大，一般不超过64，但也可以根据具体的样本大小来灵活调整。Batch-size一般设置为2的n次幂，即可以选择2、4、8、16、32、64等作为Batch-size的大小。

3.3　构建样本集

在了解了一些加速训练的方法以后，本节讨论一些关于构建神经网络的样本集的问题，包括样本集的数据类型、多维矩阵及样本集的组成等内容。构建一个好的样本集是能够训练好网络的一个前提条件，有时也是决定一个神经网络项目周期长短的关键，所以学会高效的构建样本集十分重要。

3.3.1　Tensor类型

本书实战部分采用的是PyTorch深度学习框架，使用该框架所组建的神经网络对输入和输出的类型有着严格的规定，其要求必须是一种特殊的数据类型——Tensor类型。

Tensor一词的中文意思是张量，张量理论是数学上的一个重要分支。"张量"一词源于力学，读者不需要了解它的物理意义，只需要从代数角度简单理解即可。向量是一种一维表格，而矩阵可以看成二维表格，而张量便可以看作在矩阵之后的进一步拓展，n维张量就代表一个n维表格。当然，也可以简单地把张量理解为一个多维度矩阵。

向量通常用长度来描述，如向量$A = [1,2,3,4]$是一个长度为4的向量；而矩阵通常用长度和宽度来描述，如矩阵$B = \begin{bmatrix} 1 & 2 \\ 3 & 4 \end{bmatrix}$是一个长度和宽度都为2的矩阵。那么，如何来描述张量呢？

其实，张量多出来的维度可以自由定义，它可以不是长度、宽度、高度等词语。以PyTorch中的Tensor类型变量为例，它是一个4阶张量，尺寸可以用集合$size = [m,c,w,h]$来表示。其中，m为样本数量，即Mini-Batch的大小，表示一次向网络输入的样本数量；c为通道数，类似于RGB图像中的通道的概念,如果面对非图像的问题,c的取值一般为1;w和h分别为宽度和高度,可以简单地理解为储存样本集数据的矩阵的宽度和高度。

图3.6所示是一个尺寸为$[3,1,2,2]$的Tensor变量示例,由于通道数为1,所以该Tensor变量可以看成一个由三个矩阵组成的长方体,而这个长方体的尺寸为$3\times2\times2$。其中,每个矩阵都代表一个输入的样本,如果取Batch-size的值为64,那么这个长方体的尺寸就为$64\times2\times2$。

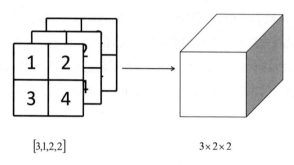

图3.6　Tensor变量示例

图3.7所示是一个多通道Tensor变量示例,即c不再等于1。假设有三张RGB图像作为输入,所以Tensor变量的尺寸为$[3,3,2,2]$。因为每个RGB图像都可以看作一个尺寸为$3\times2\times2$的小长方体,所以该Tensor变量可以看成由三个小长方体组成的大长方体,尺寸为$9\times2\times2$。

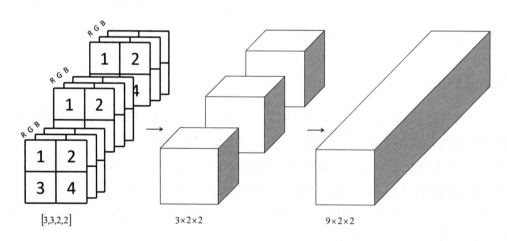

图3.7　多通道Tensor变量示例

3.3.2　训练集

一个神经网络的样本集大致分为两个部分,即训练集和测试集。训练集是用作训练网络的样本集。训练集和测试集的比例为7:3时比较合理,即如果一共有100个样本,可以将其中的70个样本作为训练集。

选择训练集时一定要满足一些特定的条件,如具有广泛性、随机性等,如此训练成型的网络性能才会很好。例如,如果要训练一个识别手写数字的网络,不能只选择几个数字作为训练集,也不能只选择一个人的字体作为训练集,而是要综合所有的数字、大多数人的字体来构建训练集。图 3.8 所示是一个经典的 MNIST 手写数据集。只有构建的训练集的广泛性、随机性都特别好,训练出来的网络才能在大多数情况下识别出一个新的手写数字。有时也可以采取一些扩大训练集的方法,如可以将图像旋转不同的角度、给图像加入一些噪声等。

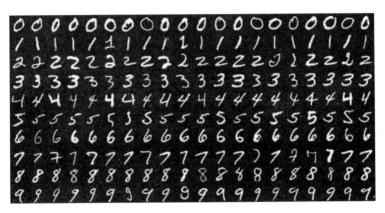

图 3.8   MNIST 手写数据集

一般情况下,一个越深的网络,其中含有的参数就越多,需要的训练集数量也就越大。但是,这并不意味着只要不断扩大训练集,网络的性能就会不断地提高。如果网络中的参数比较少,而训练集特别大,可能会出现过拟合的问题,从而使网络在新的样本集上的性能大大降低;而如果网络中的参数比较多,而训练集特别小,那么可能永远也无法将网络训练到收敛,网络在训练集上的性能无法提高。

注意:过拟合问题是神经网络训练中经常会面临的问题之一,本章暂且不做讨论,详细内容可以参看第 11 章内容。

对于训练集更加直观简单的理解就是,它就像学习新知识或新的学科时使用的教材资料一样,如果拥有的资料太少,会感到始终无法掌握这些新知识,因为我们在遇到许多新的问题时,无法在已经学过的有限的资料中得到解答;如果拥有某一个新知识的大量资料,这些资料全都是关于一个知识的,那么在学习完这些资料以后,会觉得对这个新知识掌握得非常好,但是当遇到关于这个新知识的有关的扩展问题时,可能还是一筹莫展。所以,合理的选择训练集十分重要,并且有时可能无法从别人的经验中找到选择训练集的技巧,亲手实验在此时显得十分重要。

3.3.3   测试集

测试集是用来测试训练好的网络性能的一个数据集,它必须是独立于训练集以外的样本,而又必须与测试集来自相同或相似的数据集。测试集主要用来测试网络的综合性能,如识别准确率、泛化能力等。

由3.3.2小节可知,在设置训练集和测试集的数量时,一般选择7∶3,即在一个总数为100的样本集中,测试集的数量为30。但需要明确的一点是,训练集和测试集的选择最好是随机的,最好不要选择样本集的前70个样本作为训练集,剩下30个样本作为测试集,而是要在100个样本中随机选取70个样本作为训练集,剩下的作为测试集,这样做可以很好地保证训练集和测试集的随机性。

测试集如何测试网络性能呢? 如果是拟合问题,那么需要最后测试测试集在网络中的输出与标准输出之间的误差大小,以此作为评价网络性能的标准;如果是分类问题,常常会用分类结果的准确率来判断一个网络性能的好坏。而通常情况下,训练集的误差大小或准确率也需要计算出来作为参考,这样可以综合测试集的结果,不断地改进优化网络。

3.3.4 交叉验证集

通常情况下,对于一个网络的训练,只需要将数据集分为训练集和测试集即可。但是,有时增加一个称为交叉验证集的数据集可能会得到更好的结果。

交叉验证集本质上来说与训练集和测试集没有任何区别,都是来自整个样本集中的数据。如果想要设置交叉验证集,一般的比例为6∶2∶2,即如果有100个样本,需要选择60个样本作为训练集,选择20个样本作为交叉验证集,剩下20个样本作为测试集。与之前叙述的方法一样,这些样本的选择都应该是随机的。

交叉验证集有什么作用呢? 一般来说,当面对一个需要用神经网络解决的问题时,可能会有许多备选方案,即可能会建立许多个看似合理的网络模型,有的可能特别深,有的可能只有两层,有的可能用到卷积,有的可能只用到多层感知器。面对这么多的模型,我们必须先做出选择,然后才进行测试。交叉验证集就提供了一个选择的标准,我们可以先选择不同的模型进行训练,训练出不同的神经网络之后,使用交叉验证集测试网络性能,最后选择误差最小的网络模型作为我们最后要使用的模型。选择好了模型以后,就可以将此模型在测试集上进行测试,测试网络的泛化能力。测试过程中发现问题,就可以接着优化选好的模型,让网络达到预期的效果。

当要解决的问题不是特别复杂时,一般不会设置交叉验证集;但是如果面对的是一个规模非常大的神经网络项目,设置交叉验证集就是一个很不错的选择,它会让我们迅速寻找到一种最合适的模型,确定网络优化的方向。在本书后面的实例中,由于面对的问题不是很复杂,因此一般不会设置交叉验证集。但是,作为一个神经网络的学习者,交叉验证集的思想非常有必要掌握。

3.4 小结

本章讨论了计算机程序的基础知识和加速神经网络训练过程的方法,还讨论了PyTorch框架中的Tensor类型变量的有关知识及训练集与测试集的构建。学完本章后,读者应该能够回答以下问题:

(1) 什么是计算机程序?

(2) Python中计算机程序的执行过程是什么?

(3) 计算机程序有哪些特点?

(4) CPU和GPU有什么区别?

(5) 为什么要进行归一化处理?

(6) 如何进行归一化处理?

(7) 什么是Tensor类型变量?

(8) 训练集和测试集如何设置?

(9) 训练集有哪些特点?

(10) 交叉验证集的作用是什么?

第 4 章

Python 入门与实战

从本章开始将正式进入神经网络的实战部分。本书的实战部分采用 Python 作为编程语言,实现各种各样的神经网络有关算法。本章将会简单讲解 Python 的一些基础语法,并且开始教读者编写自己的感知器程序。

本章主要涉及的知识点

- Python 的特点。
- 搭建 Python 环境的方法。
- Python 基础语法。
- Python 的简单的感知器程序。

4.1 Python简介

3.1节讨论了计算机程序的有关内容,而程序员正是通过程序设计语言来编写程序的,程序设计语言是程序员与计算机之间沟通的桥梁。本章将介绍一种高效、简单、便捷的程序设计语言——Python语言。

4.1.1 什么是Python

Python是近几年来非常火爆的编程语言,它本质上与C、Java等编程语言并没有什么区别,但是却在某些方面远远超过它们,并且进阶成为目前主流计算机开发语言的前几名。

Python语言最开始并不是"另辟蹊径",而是基于C语言实现的一种脚本解释程序。1989年,在C语言刚刚进行标准化时,Python之父吉多·范罗苏姆(Guido van Rossum)为了打发无聊的圣诞节,决定开发一款新的脚本解释程序,于是在他的"打发时间的创作"之下,Python语言诞生了。吉多·范罗苏姆希望Python语言能够具备功能全面、易学易用、可拓展等特点,而在之后的实践中,这些希望都变成了现实。

1991年,第一个Python解释器诞生,它是基于C语言设计的,能够调用任何C语言的库文件。后来,Python又经过了许多版本的换代更新。Python 2.x系列在2000年发布,其中Python 2.7是最稳定的版本,也是应用最广泛的一个版本。Python 3.x系列是在2008年发布的,它不完全兼容Python 2.x系列,其中有一些与Python 2.x系列完全不同的特性。本书采用的就是Python 3.x系列中比较新的Python 3.7版本。

Python语言的应用领域十分广泛,主要有Web和Internet开发、科学计算和统计、网络爬虫、人工智能、教育、桌面界面开发、软件开发、后端开发等方面。其中,人工智能是近几年比较火爆的一个领域,而Python在其中有着"入门门槛低"的最直接优势,并且能够调用许多有关的库函数,因此许多人工智能领域都将Python语言作为一门首选语言。Python在现代人工智能大范畴领域内的机器学习、神经网络、深度学习等方面都是主流的编程语言,得到了广泛的支持和应用。

4.1.2 Python的特点

Python在设计上坚持清晰划一的风格,这使得Python成为一门易读、易维护,并且被大量用户所欢迎的、用途广泛的语言。Python语言的设计者在设计Python语言时,有意将Python设计得格式限制十分严格,这使得Python程序员必须严格遵守Python的缩进规则,许多不好的编程习惯都不能通过Python解释器的编译。Python另一个和其他大多数语言(如C语言)的区别就是,Python程序中一个模块的界限,完全是由代码每行的首字符在这一行的位置来决定的;而C语言则是使用一对花括号"{}"来明确地规定模块的边界,与字符的位置毫无关系。这一点曾经引起过争议,因为自从C这类语言诞生后,语言的语法含义与字符的排列方式分离开来,曾经被认为是一种程序语言的进步。但不可否认的是,通过强制程序员们在引用if、else语句或其他模块时进行严格缩进,Python确实使得程序更加清晰和美观。

如图4.1所示,抛开Python程序代码风格的有关内容,Python语言还具有许多其他特点,如简单、易学、高效、可移植、可扩展和可迁移等,如图4.1所示。

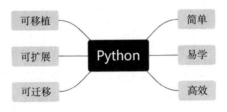

图 4.1　Python 的特点

Python语言的语法十分简单,阅读一段简单的Python程序时,就像读英语一样,基本不会存在什么障碍,很接近人类的语言习惯。另外,在Python中,所有的变量都不需要提前定义,可以直接使用,因此Python也被称为是一门弱类型语言;而与之相对的强类型语言如C语言等,在使用变量时需要对变量进行提前声明,否则无法使用变量。Python语言的语法十分简单这一特点也就决定了Python是一门易学的编程语言,想要入门Python语言十分简单,但是想要把它学得炉火纯青,还是需要下一定的功夫。本书中涉及的Python语法都比较简单,如果读者对Python语言的一些高级语法感兴趣,可以阅读专业讲解Python编程语言的有关书籍自行学习。如果使用Python开发程序,那么开发效率将会得到保证,这不仅因为Python本身特别简单易学,编程者可将大部分精力用在程序本身而不是语法,还因为在使用Python的过程中,可以大量引用效率极高的第三方库,从而大大提高工作效率。

Python语言的另一大特点就是,它是完全开源的,这也就决定了它良好的移植性,开发者可以根据需要将用Python语言写好的程序移植到各个平台上,并不受到固定软件的限制,这一点对于工业应用是十分重要的。由于Python语言在诞生之初就是基于C语言的,因此它的扩展性及迁移性也特别突出。如果有一段需要运行的程序,但不知道如何书写相应的Python代码,那么完全可以采用C/C++语言来进行书写,然后整合在Python程序中,即完全可以在Python程序中加入扩展的C/C++程序,使之成为良好的统一体。

4.1.3　为什么要用Python搭建神经网络

那么为什么要使用Python搭建神经网络呢? Python在神经网络方面的应用也属于在人工智能领

域的应用,4.1.2 小节介绍的 Python 所具有的一些特点决定了 Python 在搭建神经网络方面的优势。

神经网络的一些参数的运算实际上就是矩阵的运算,如果自己编写一种矩阵运算的程序,不但耗时费力,而且运行效果也不一定好。Python 中有大量进行科学运算的库及一些接口,如 NumPy 等,可以方便地进行矩阵运算并且运算速度特别快,最重要的一点是,这些有关的库及接口全都是完全开源的,即使想要完成后期的工业部署,也可以轻松地将 Python 程序移植到各种平台上进行实际应用。

Python 中不仅有进行科学运算的库,还有各种图像处理、计算机视觉的有关库,这些库可在进行有关卷积神经网络的项目时提供便利,使用起来十分高效、简单,节省了大量的开发时间且同样完全开源。

进一步地,许多公司都有基于 Python 的深度学习框架,如 Facebook 公司的 PyTorch,Google 公司的 TensorFlow,国内百度公司的飞桨 PP 及国内最新的、号称对于多 GPU 性能最高的一流科技公司的 OneFlow 框架,这些框架让搭建神经网络变得如同搭积木一般简单。

 ## 4.2　搭建 Python 环境

简单了解 Python 以后,本节开始讨论如何搭建一个可以进行程序编写的 Python 环境,同时详细讲解如何在 Windows 10 操作系统下安装一系列的软件来完成环境的搭建。这些软件的安装过程都是在 Windows 10 操作系统上并且配有 NVIDIA 显卡的计算机上测试过的,如果读者的计算机配置与测试过程的配置有所不同,也可以参考其他资料,不过软件安装的一般过程基本是相同的。

4.2.1　安装 Python 3.7(Anaconda)

首先安装 Python 的解释器,我们可以不用单独去 Python 官网下载,而是直接安装一个名为 Anaconda 的软件。Anaconda 是一个开源的 Python 包的管理器,其中不仅集成了 Python 解释器,还集成了许多十分有用的包。

在 Anaconda 官网下载 Anaconda,如图 4.2 所示,选择 Python 3.7 版本进行下载。这种下载方式唯一的不足之处就是,有可能出现打不开网站或下载速度十分缓慢的情况。

图4.2 在Anaconda官网下载Anaconda

为了避免下载速度十分有限的问题,本书推荐大家使用清华大学开源软件镜像站来进行下载,如图4.3所示,选择一个适合计算机的版本,单击即可下载。

Anaconda3-5.3.1-Linux-x86.sh	527.3 MiB	2018-11-20 04:00
Anaconda3-5.3.1-Linux-x86_64.sh	637.0 MiB	2018-11-20 04:00
Anaconda3-5.3.1-MacOSX-x86_64.pkg	634.0 MiB	2018-11-20 04:00
Anaconda3-5.3.1-MacOSX-x86_64.sh	543.7 MiB	2018-11-20 04:01
Anaconda3-5.3.1-Windows-x86.exe	509.5 MiB	2018-11-20 04:04
Anaconda3-5.3.1-Windows-x86_64.exe	632.5 MiB	2018-11-20 04:04

图4.3 清华大学开源软件镜像站中Anaconda的不同版本

本书下载的版本是Anaconda3-5.3.1-Windows-x86_64。下载之后,双击打开安装程序,如图4.4所示。

单击"Next"按钮,进入图4.5所示界面,单击"I Agree"按钮。

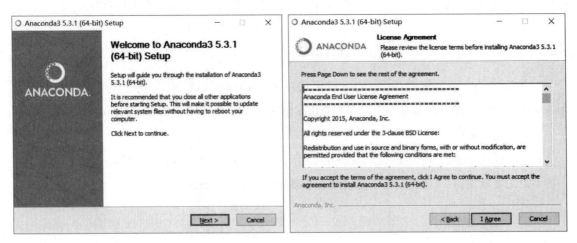

图4.4 Anaconda安装界面1   图4.5 Anaconda安装界面2

进入图4.6所示界面,该界面中有两个单选按钮,一般选中"All Users (requires admin privileges)"单选按钮,这样安装完成以后不容易出错。

进入图4.7所示界面,选择一个想要安装的路径,建议不要安装在系统盘。

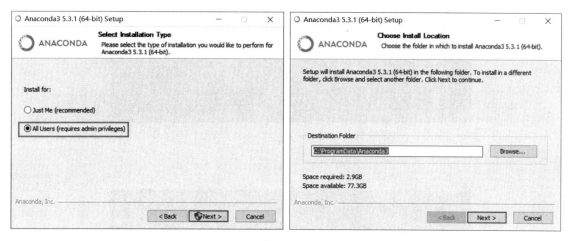

图4.6　Anaconda安装界面3　　　　　　图4.7　Anaconda安装界面4

进入图4.8所示界面,为了能够方便地使用Anaconda安装其他包,一般选中"Add Anaconda to the system PATH environment variable"复选框,然后单击"Install"按钮,等待几分钟安装成功即可。至此,Anaconda安装完成,即计算机中现在已经有了Python 3.7解释器可供使用。

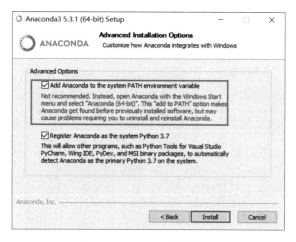

图4.8　Anaconda安装界面5

接下来验证Anaconda是否安装成功,按"Windows+R"组合键调出"运行"对话框,在"打开"文本框中输入"cmd",进入命令行界面,如图4.9所示。在命令行中输入"conda",如显示图4.10所示的内容,即代表已经成功地安装了Anaconda。

图4.9　命令行界面

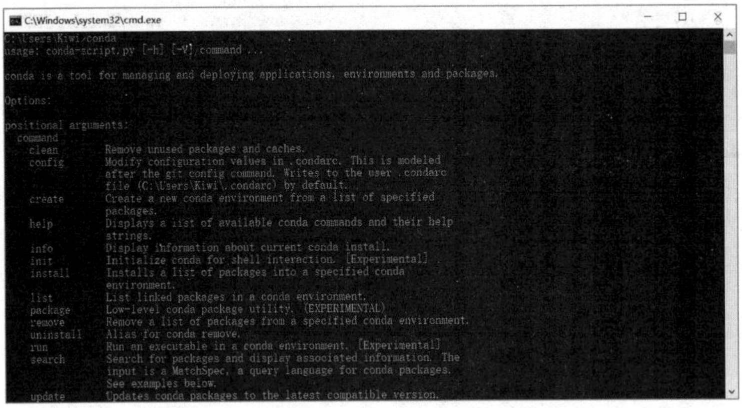

图4.10　安装成功界面

　　注意：在图4.9和图4.10中输出的路径为C:\Users\Kiwi，该路径在不同的计算机上根据不同的系统设置略有不同。

4.2.2　安装CUDA 10.0

　　CUDA是一种由NVIDIA推出的通用并行计算架构，该架构使GPU能够解决复杂的计算问题，所以要想采用GPU进行神经网络的训练，就必须要安装CUDA。安装CUDA的前提是计算机中要有一张NVIDIA显卡，如果没有，笔者推荐读者可以考虑买一张或跳过本小节，继续使用CPU进行训练。本书所有的例程中，如果使用GPU，则都运行在NVIDIA GeForce GTX 1660Ti显卡上。

　　如果计算机中已经安装了CUDA 10.0或更新版本，则不用再下载安装CUDA，可以直接使用GPU。查看是否已经安装CUDA的方法是打开"NVIDIA控制面板"窗口，如图4.11所示，单击"系统信息"超链接，弹出"系统信息"对话框，如图4.12所示，选择"组件"选项卡，如果在其中可以看到CUDA

10.0或更高版本,则表示计算机已经默认安装了CUDA,不需要再进行下载。

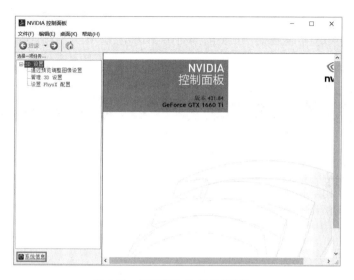

图4.11 "NVIDIA控制面板"窗口

图4.12 "系统信息"对话框

注意:只有CUDA 10.0及以上版本才支持在Python中使用GPU,如果版本太低,则需要更新或重新下载。

如果计算机没有预装CUDA 10.0,则可以手动下载。读者可通过CUDA官网下载CUDA 10.0,如图4.13所示。下载时有几个选项可供选择,如图4.14所示,第一行是选择适合CUDA的操作系统,这里选择"Windows"；第二行是选择系统架构，Windows下只有一个选项；第三行是版本号，选择"10"；第四行有两个选项，选择"exe [network]"可以下载一个类似下载器的东西，然后下载完整的CUDA安装包，选择"exe [local]"可以直接下载整个安装包，大小在2GB左右。因为直接选择"exe [local]"下载可能会出现错误，所以建议选择"exe [network]"。

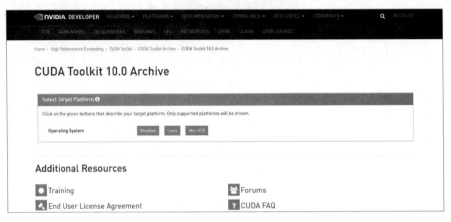

图4.13　CUDA官网

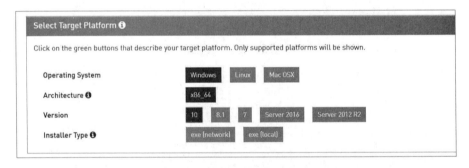

图4.14　下载版本的相关选项

CUDA下载完成后，其安装过程和一般软件的安装过程并无区别，这里不再赘述。

4.2.3　安装PyCharm

PyCharm是一种Python的集成开发环境（Integrated Development Environment，IDE），使用PyCharm可以方便地进行程序调试、代码管理、项目管理等。PyCharm分为两个版本，一个是社区版，是完全免费的，其功能虽有删减，但完全可以满足初学者的需求；另一个是专业版，是需要付费使用的，其功能完整、十分强大，预算足够的读者可以考虑。

注意：现在网络上有许多PyCharm专业版的破解教程，本着支持正版的原则，本书不会介绍破解方法。

可以在PyCharm官网下载PyCharm，如图4.15所示。如前所述，PyCharm官网的下载通道有两个，一个是社区版（Community），免费且开源；另一个是专业版（Professional），需付费但是可以免费试用。读者可根据需要下载，本书采用的是专业版。单击"Download"按钮，下载完成后双击安装程序进行安装。

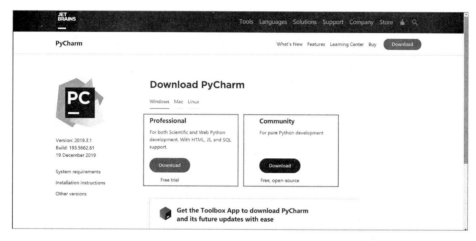

图4.15　PyCharm官网

安装PyCharm软件的方法和一般的软件安装过程基本相同，这里不再赘述。需要注意的是，在安装PyCharm的过程中需要选中两个复选框，如图4.16所示。选中"64-bit launcher"复选框，会在桌面上创建一个连接64位PyCharm程序的快捷方式；选中".py"复选框，会建立PyCharm与.py文件之间的联系。因为创建的Python程序的文件扩展名也是.py，所以需要选中此复选框。安装成功之后，桌面上会出现一个PyCharm图标。

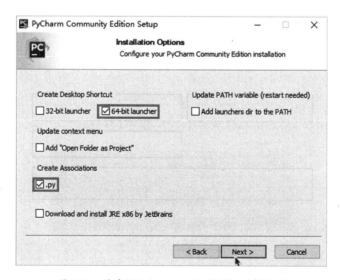

图4.16　选中"64-bit launcher"和".py"复选框

4.2.4 PyCharm 新建项目

第一次打开 PyCharm 时,如果想要编写代码,需要新建一个项目。新建项目的方法是在启动欢迎页面中选择"Create New Project"选项,打开新建项目界面;如果不是第一次打开 PyCharm,则不会看到启动欢迎页面,这时可选择"File"→"New Project"命令,打开新建项目界面,如图 4.17 所示。

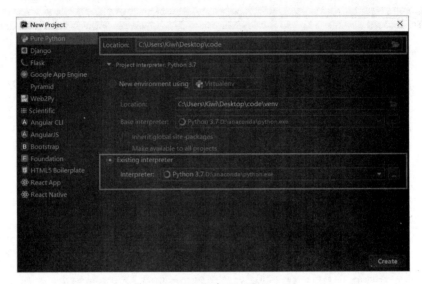

图 4.17　新建项目界面

注意:图 4.17 所示的新建项目界面为专业版 PyCharm 所显示的,社区版可能会略有不同,但是框内的内容都是相同的。

在新建项目界面,在"Location"文本框中输入建立项目的所在路径。图 4.17 是在桌面上新建了一个 code 文件夹,然后把整个新项目存入 code 文件夹中。配置完路径以后,要想使编写的代码可以成功运行,还需要配置相对应的 Python 解释器。此时需要选中"Existing interpreter"单选按钮,然后找到之前安装的 Anaconda,即 Python 3.7。最后单击"Create"按钮,完成创建。

成功创建项目以后,在 code 文件夹中会出现一个名为 .idea 的文件夹。在 PyCharm 界面中,左边会显示项目中的文件列表,默认情况下除了文件以外还会显示其他内容。在"Project"选项下选择"Project Files",可以让项目文件列表只显示项目文件,如图 4.18 所示。

图 4.18　选择"Project Files"

接下来创建一个 Python 代码文件,如图 4.19 所示。在项目路径下右击,在弹出的快捷菜单中选择

"New"→"Python File"命令,然后输入文件名,即可完成创建。项目创建成功后,在主界面中会有光标闪烁,光标所在位置即是输入代码的地方。

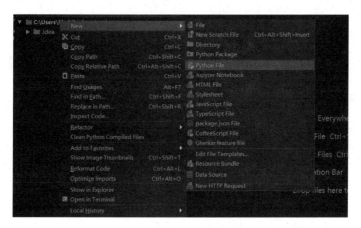

图4.19　创建Python代码文件

4.2.5　PyCharm的一些基本设置

PyCharm的默认主题是深黑色背景和灰色字体,这有助于使编程者更加专注。如果想要更改主题,可以选择"File"→"Settings"命令,打开设置界面,如图4.20所示。

图4.20　PyCharm设置界面

选择"Apperance & Behavior"→"Appearance"选项,在右侧"Theme"下拉列表中一共有三个选项,读者可以根据自己的喜好自行选择,如图4.21所示。

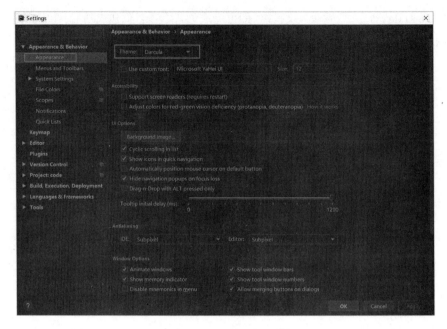

图4.21　更改PyCharm主题

对于编程者来说,字体大小是一个十分重要的设置,笔者常常会在接触到一个新的IDE时就先设置字体,将字体放大,方便编程。在PyCharm中,选择"Editor"→"Font"选项,在右侧界面中,Font可以设置不同的字体,Size可以改变字体的大小,Line spacing可以改变行间距,读者可以根据个人喜好自行设置,如图4.22所示。

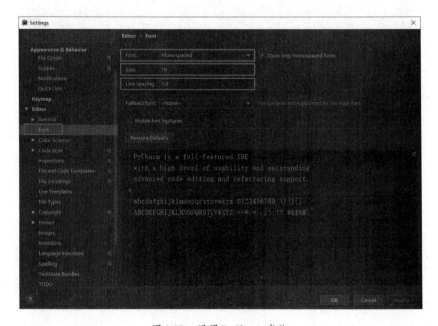

图4.22　设置PyCharm字体

选择"Project: code"→"Project Interpreter"选项,可以改变项目的解释器,如图4.23所示。从图4.23中可以看出,此项设置还可以显示Anaconda集成的所有包的名称及版本等信息,如果想查看计算机中一共安装了哪些有关的包,也可以在此处查看。

注意:本小节介绍的仅仅是一些常用设置,关于其他设置,读者可以自行探索。

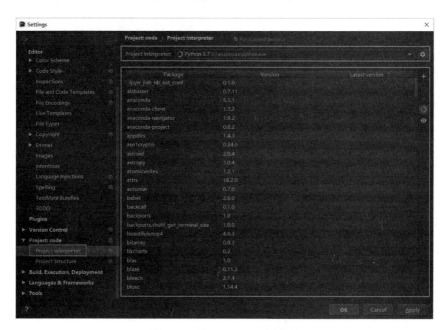

图4.23　更改PyCharm解释器

4.2.6　PyCharm运行程序

本小节介绍PyCharm运行程序的方法,这是最基本的操作,本小节只做简单的陈述,不详细讨论。如图4.24所示,在PyCharm中输入"a = 1",然后在代码的空白区域右击,在弹出的快捷菜单中选择"Run 'myCode'"命令,也可以按"Ctrl+Shift+F10"组合键,即可运行这段代码。

如果不想运行全部代码,只想运行其中的一部分,可以选中要运行的一部分代码并右击,在弹出的快捷菜单中选择"Execute Selection in Console"命令,如图4.25所示。

注意:Console中运行结果的输出方式与PyCharm中的方式可能有所不同。关于Console的用法还有很多,笔者习惯用Console来进行试验和调试代码,可以方便得到实时结果,有兴趣的读者也可以自己探索。

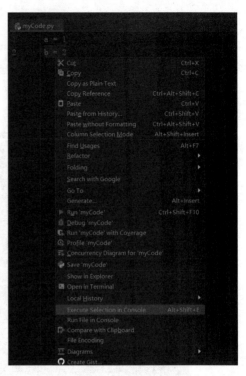

图 4.24　运行代码　　　　　　　　　　　　图 4.25　运行部分代码

4.3　Python 基础

搭建好 Python 所需的环境以后，接下来即可编写 Python 代码。本节将会讲解 Python 的基础语法，这些语法会在神经网络编程中经常用到。当然，仅仅掌握这些是远远不够的，但如果将所有的 Python 语法都讲清楚，又需要花费大量的篇章，这远远超出了本书的范围。所以，希望读者在掌握本节内容的基础上，自行阅读一些有关 Python 编程的书籍，提高自己的编程能力。

4.3.1　输入语句与输出语句

Python 中实现输出功能的内置函数为 print() 函数，格式如下：

```
print('输出的内容', end='结束格式')
```

其中，结束格式包括不同的格式符，最常用的就是"\n"，表示换行格式，即在输出内容以后光标自动移动到下一行。结束格式也可以直接输入空格、字符等作填充。在不输入格式的情况下，默认的

print()函数等价于 print('输出的内容', end ='\n')。在本书的编程中,最常用的输出方式为下面这种,即直接采用默认格式:

```
print('输出的内容')
```

print()函数还有一种动态的输出方式,格式如下:

```
print('\r' + '动态输出的内容', end=' ', flush=True)
```

其中,"\r"也是一种格式符,代表回车,r是return的缩写,代表每次输入之后光标都返回到本行的最开始的地方;flush参数是有关刷新的设置,直接赋值为True即可。这种动态的输出方式在这里只作为扩展知识,本书中用到的地方并不多。

print输出例程如代码4-1所示,分别采用了不同的格式输出了Hello world。

代码4-1　print输出例程

```
print('Hello world')            # 默认格式,等价于end='\n',输出结束换行
print('Hello world', end='\n')  # 输出结束换行
print('Hello', end='    ')      # 输出以4个空格结束,不换行
print('world')                  # 默认的格式,输出结束换行
print('Hello', end='***')       # 输出以3个*结束,不换行
print('world', end='***')       # 输出以3个*结束,不换行
```

输出结果如下:

```
Hello world
Hello world
Hello    world
Hello***world***
```

Python中实现输入功能的内置函数为input()函数,格式如下:

```
var = input()
```

上述代码的含义是直接将键盘输入的内容赋值给变量var,在运行程序时,PyCharm的控制台会出现一个光标闪烁的状态,如图4.26所示,等待用户使用键盘输入内容,以回车结束。需要注意的是,输入的内容赋值给变量以后,变量类型为字符串类型,如果想进行数值运算,还需要进行数据类型的强制转换,具体转换方法可参看4.3.5小节。

图4.26　输入状态

如代码4-2所示，如果想要输出变量的数据类型，可以直接调用type()函数。

代码4-2　input输入例程

```
name = input()              # 输入赋值给name
print(name)                 # 输出name
print(type(name))           # 输出name的数据类型
number = input()            # 输入赋值给number
print(number)               # 输出number
print(type(number))         # 输出number的数据类型
```

输出结果如下：

```
Kiwi
Kiwi
<class 'str'>
66
66
<class 'str'>
```

注意：输出结果中，斜体字为输入的字符。

上述输出结果也表明，无论在输入状态下输入字符还是数字，经过输入赋值给某个变量以后，变量的数据类型都是字符串类型。

4.3.2　变量的作用与定义

"变量"一词来源于数学，在程序中，数据都存储在计算机的内存中，为了能够快速查找和使用某个数据，通常我们会给这个数据起一个名称，这个名称就是变量。如图4.27所示，通过变量名num1、num2、num3分别可以访问100、400、600。有一定编程基础的读者应该知道，变量从某种程度上就代表一种访问数据的地址，通过这个地址就能访问到想要访问的数据。

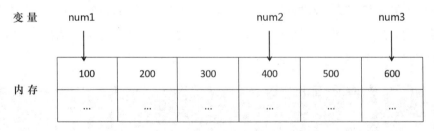

图4.27　变量与内存

在Python中定义变量的方法很简单，只需要直接给变量赋值即可完成变量的创建，不需要像C语言中那样单独书写变量定义语句。赋值直接采用等号(=)，等号左边是变量名，等号右边是赋值给变量的值。一旦变量被赋值和创建，在之后的程序中就可以直接使用该变量。变量赋值的格式如下：

变量名 = 值

注意:在Python中,等号(=)并不代表等号左边等于等号右边,而是代表将等号右边赋值给等号左边,这两个概念完全不同,千万不能混淆。

如果想输出变量代表的值,可以直接使用print语句,输出变量时无须添加引号。为了能够实际体会变量的定义与使用,下面尝试实现这样一个例子:假如有一个果农,第一天摘了1000个果子,没有卖出;第二天摘了200个果子,并且卖出了100个果子。现在编写程序,把每一天的果子数量及卖出去和摘下来的果子数量使用print语句输出。其实现过程如代码4-3所示。

代码4-3　果农问题

```
print('第一天')
numPick = 1000                          # 将摘下果子的数量赋值给numPick变量
numSale = 0                             # 第一天没有卖出果子,将0赋值给numSale
num = numPick - numSale                 # 第一天剩下的总数量
print(f'今天摘下了{numPick}个果子')       # 输出第一天摘果子的数量
print(f'今天卖出了{numSale}个果子')       # 输出第一天卖出果子的数量
print(f'剩余总数{num}个果子')            # 输出第一天剩余果子的数量
print('第二天')
numPick = 200                           # 将摘下果子的数量赋值给numPick变量
numSale = 100                           # 第二天卖出了100个果子,将100赋值给numSale
num = num + numPick - numSale           # 第二天剩下的总数量
print(f'今天摘下了{numPick}个果子')       # 输出第二天摘下果子的数量
print(f'今天卖出了{numSale}个果子')       # 输出第二天卖出果子的数量
print(f'剩余总数{num}个果子')            # 输出第二天剩余果子的数量
```

输出结果如下:

```
第一天
今天摘下了1000个果子
今天卖出了0个果子
剩余总数1000个果子
第二天
今天摘下了200个果子
今天卖出了100个果子
剩余总数1100个果子
```

注意:汉语在print语句中也可以当作字符串来处理,可以直接通过引号输出。

代码4-3中涉及了print语句的一个新的知识点,即f格式。f格式是Python 3.7的新特性,并不兼容之前的版本。当想要输出变量及字符串时,可以使用f格式,这种方法十分简单高效,省去了许多对输出格式的设置。f格式的标准格式如下:

```
print(f'...{变量名}...')
```

f格式与普通格式一样,必须添加引号(双引号、单引号都可以),并且变量名一定要用花括号"{}"括起来。在一个print语句中,f格式中的变量名的数量是没有限制的。

4.3.3 变量的命名规则和习惯

给变量命名是有一定规则的。通常把编程者定义的变量名和函数名称为标识符,标识符的组成规则如下:

(1)标识符只能由数字、字母和下划线组成。

(2)标识符不能以数字开头。

(3)标识符不能与关键字重名。

上面规则中提到的关键字是Python内置的已经定义好的标识符,本质上也是标识符的一种,符合标识符的组成规则。但是,关键字是Python已经定义好的,用户不能更改,并且不能定义与关键字相同的标识符。关键字一般具有特殊的功能和含义,Python中内置的关键字如表4.1所示 。

表4.1 Python中内置的关键字

关键字	含义	关键字	含义
False	布尔类型的值,表示假,与Ture相反	from	用于导入模块
None	表示什么也没有	global	定义全局变量
True	布尔类型的值,表示真	if	条件语句
and	用于表达式运算,逻辑与操作	import	用于导入模块
as	用于类型转换	in	判断变量是否在序列中
assert	断言,用于判断变量或条件表达式的值是否为真	is	判断变量是否为某个类的实例
break	中断循环语句的执行	lambda	定义匿名函数
class	用于定义类	nonlocal	用于标识外部作用域的变量
continue	跳出本次循环,继续执行下一次循环	not	逻辑非操作
def	用于定义函数或方法	or	逻辑或操作
del	删除变量或序列的值	pass	空的类、方法或函数的占位符
elif	条件语句	raise	异常抛出操作
else	条件语句	return	用于从函数返回结果
except	包含捕获异常后的操作代码块	try	包含可能会出现异常的语句
finally	用于异常语句,出现异常后执行finally包含的代码块	while	循环语句
for	循环语句	with	简化Python的语句
yield	用于从函数一次返回值		

注意:表4.1中的关键字只有一部分比较常用,大部分在编程中很少见到,只作为了解内容。还需要注意的是,Python中的变量区分大小写,所以n和N是两个不同的变量。

变量的命名规则决定了编程者定义的变量能否正常使用,而变量的命名习惯却不会对其造成影响。但是,养成一个好的变量命名习惯对于编程者来说十分重要,无论是在工作岗位上的团队协作还是代码分享,一段优美的代码都是竞争力的一部分。变量的命名最基本的习惯就是要让变量名可以被其他的程序员读懂,如定义数字变量可以用number或缩写num作为标识符,定义名称可以用name等。若变量名由多个单词组成,可以采用下划线连接,如名称可以根据语种定义为English_name、Chinese_name。多个单词也可以连起来书写,如有两个单词,一般第二个单词的首字母需要大写,如代码4-3中的numPick、numSale。为了美观,通常在给变量赋值时,会在等号(=)的前后各增加一个空格。

要想写出一段整齐大方的代码,就需要花费一定的时间去养成这些习惯,可以在阅读他人代码的同时,多注意一些空格的使用细节及变量名的使用,并尝试把这些技巧运用在自己的代码中。

4.3.4 运算符

运算符用于执行程序中的运算操作,如1+2,其中运算符就是"+",而1和2相应地被称为操作数。Python中的运算符如表4.2所示,大致可以分为算数运算符、比较(关系)运算符、赋值运算符、位运算符、逻辑运算符、成员运算符、身份运算符等。

表4.2 Python中的运算符

运算符	符号	含义
算数运算符	+	两个数相加
	−	负数符号或一个数减去另一个数
	*	两个数相乘或返回一个被重复若干次的字符串
	/	一个数除以一个数
	%	返回除法的余数
	**	返回x的y次幂
	//	取返回商的整数部分(采用向下取整)
比较运算符	==	比较两个对象是否相等
	!=	比较两个对象是否不相等
	>	比较x是否大于y
	<	比较x是否小于y
	>=	比较x是否大于等于y
	<=	比较x是否小于等于y

运算符	符号	含义
赋值运算符	=	赋值运算符
	+=	加法赋值运算符
	-=	减法赋值运算符
	*=	乘法赋值运算符
	/=	除法赋值运算符
	%=	取余赋值运算符
	**=	幂赋值运算符
	//=	取整除赋值运算符
位运算符	&	按位与运算符
	|	按位或运算符
	^	按位异或运算符
	~	按位取反运算符
	<<	左移运算符
	>>	右移运算符
逻辑运算符	and	逻辑与
	or	逻辑或
	not	逻辑否
成员运算符	in	成员在指定序列中返回True,否则返回false
	not in	成员不在指定序列中返回True,否则返回false
身份运算符	is, is not	is判断两个标识符是否引自一个对象,is not则相反

注意:要注意区分"="和"=="的区别,在判断两个对象是否相等时使用"==",而在赋值时使用"="。

实际上,本书大部分实战中,较常用的是算数运算符、比较运算符和赋值运算符,其他运算符在其他编程项目中也十分常用。代码4-4是一些常用运算符示例,读者可以先对示例中的运算符进行学习。

代码4-4 常用运算符示例

```
a = 2
b = 4
c = 6                    # 赋值运算符:赋值
d = a + b                # 算数运算符:加
print(f'a + b = {d}')    # print语句f格式
d = a - b                # 算数运算符:减
print(f'a - b = {d}')
d = a * b                # 算数运算符:乘
print(f'a * b = {d}')
d = c / b                # 算数运算符:除
print(f'c / b = {d}')
d = c % b                # 算数运算符:取余
```

```
print(f'c % b = {d}')
d = b ** a                          # 算数运算符:幂运算
print(f'b的a次方为{d}')
d = a == b                          # 比较运算符:等于
print(f'a是否等于b:{d}')
d = a != b                          # 比较运算符:不等于
print(f'a是否不等于b:{d}')
d = a
d += 1                              # 赋值运算符:加法,等价于d = d + 1
print(f'd + 1 = {d}')
d = b
d **= 2                             # 赋值运算符:幂,等价于 d = d ** 2
print(f'd的2次方= {d}')
```

输出结果如下:

```
a + b = 6
a - b = -2
a * b = 8
c / b = 1.5
c % b = 2
b的a次方为16
a是否等于b:False
a是否不等于b:True
d + 1 = 3
d的2次方= 16
```

4.3.5　数据类型

在Python中,由于有时需要同时处理许多不同类型的数据,因此会根据不同的需求将变量分成不同的类型。如图4.28所示,Python中共有七个标准的数据类型:Number(数值)、Bool(布尔)、String(字符串)、List(列表)、Tuple(元组)、Set(集合)、Dictionary(字典)。

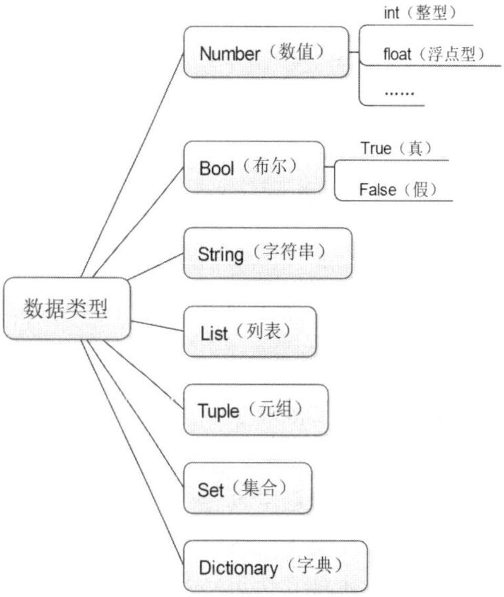

3.3.1小节中曾经讨论过Tensor类型,其实Tensor类型也是一种数据类型,并且是本书实战中比较常见的数据类型。在Python中,内置的type()函数可以快速查看数据类型,不同的数据类型还可以相互转换。一般的数据类型强制转换的格式如下:

想要强制转换的数据类型(变量)

图4.28　Python中的数据类型

在4.3.1小节中,讨论输入语句时曾经提到过输入的内容无论是数字还是字母,它存储在变量中时都是以字符型存储的。下面就通过一个简单的示例来直观地感受这一点并理解本小节所讨论的内容,如代码4-5所示,编写程序实现让用户输入两个任意的整数,然后输出两个数相加的结果。

代码4-5　强制类型转换示例

```
print("请输入两个数,输入完每个数以后按下回车")    # 提示用户
a = input()                                      # 输入第一个数
b = input()                                      # 输入第二个数
print(f'a的数据类型为{type(a)}')
print(f'b的数据类型为{type(b)}')                  # 调用type()函数查看两个数的数据类型
a = int(a)
b = int(b)                                        # 强制转换成整型
print(f'a的数据类型为{type(a)}')
print(f'b的数据类型为{type(b)}')
print(f'两个数的和为:{a+b}')                      # 输出两个数的和
```

输出结果如下:

```
请输入两个数,输入完每个数以后按下回车
25
77
a的数据类型为<class 'str'>
b的数据类型为<class 'str'>
a的数据类型为<class 'int'>
b的数据类型为<class 'int'>
两个数的和为:102
```

注意:输出结果中,斜体字为用户的输入,<class 'str'>代表字符串类型,<class 'int'>代表整型。

4.3.6　if语句

if语句是条件语句的一种,在本书中最为常用,所以关于条件语句本书只介绍这一种。在实际生活中也会遇到许多条件语句。例如,如果你喜欢运动,你可能会对朋友说:"如果明天不下雨,我就去打篮球。"这就是一个条件语句,明天不下雨是一个条件,只有这个条件成立,才会去打篮球。在程序中也是如此,如果条件成立,则执行条件后面的代码,否则跳过条件后面的这段代码不执行,这也是if语句的本质。

if语句的格式如下:

```
if 条件:
    条件成立执行的代码
    ...
```

注意:if语句在使用时要注意一定不能缺少冒号,并且只有在if后面的缩进格式中的代码才是条件成立所要执行的代码。

经常和if语句一起使用的还有else语句,else语句后面是条件不成立时执行的代码,格式如下:

```
if 条件:
```

```
    条件成立执行的代码
    ...
else:
    条件不成立执行的代码
    ...
```

if语句中还可以嵌套一个语句,这种情况在现实生活中也比较常见。例如,你对朋友说:"明天如果不下雨,我腿不疼,就去打球,如果腿疼就不去打球。"这就是一种条件的嵌套,不下雨是大的条件,而腿不疼是嵌套之中的条件。Python中if嵌套的格式如下:

```
if 条件1:
    if 条件2:
        条件1和条件2都成立执行的代码
        ...
```

下面编写一个程序,判断明天能不能打篮球,如代码4-6所示。该代码运行之后,用户分别输入两个数字,第一个数字为0或1,0代表明天不下雨,1代表明天下雨;第二个数字也为0或1,0代表腿不疼,1代表腿疼。

代码4-6　if语句示例

```
a = input()             # 输入第一个数字
b = input()             # 输入第二个数字
a = int(a)
b = int(b)              # 强制转换成整型
if a == 0:              # 判断第一个数字是否等于0
    if b == 0:          # 嵌套if…else…语句,判断第二个数字是否等于0
        print('能打篮球')
    else:
        print('不能打篮球')
else:
    print('不能打篮球')
```

输出结果如下:

```
0
0
能打篮球
```

注意:根据不同的输入,输出的结果不唯一。程序中一定不能缺少强制类型转换代码,否则会报错。

4.3.7　循环语句

在解决许多不同的实际问题时,总会有一些工作是需要重复进行的,因此需要在程序中重复执行某些语句。而如果重复书写这些语句,会让代码变得十分冗长,这时就需要使用循环语句。一组需要重复执行的语句称为循环体,决定是否能够继续重复执行的条件称为循环的终止条件。

Python中的循环语句分为两种,while循环和for循环。

(1) while循环的格式如下:

```
while 条件:
    条件成立执行的语句
    ...
```

(2) for循环的格式如下:

```
for 临时变量 in 序列:
    重复执行的语句
    ...
```

与条件语句一样,无论是while循环还是for循环都可以进行嵌套,执行顺序是先执行内部循环,当内部循环条件不满足时再开始执行外部循环。在使用for循环时,其中的序列可以用range()函数生成,其详细用法参看代码4-7。

代码4-7　循环语句示例,分别用while循环和for循环实现从1加到100

```
# while循环
i = 1                   # 初值为1
sum = 0
while i <= 100:         # 循环的条件
    sum = sum + i       # 求和
    i += 1
print(sum)              # 输出结果

# for循环
sum = 0
for i in range(101):    # 循环的条件,range()函数构造序列
    sum = sum + i       # 求和
print(sum)              # 输出结果
```

输出结果如下:

```
5050
5050
```

除了通过循环的条件以外,Python中还有两个关键字可以控制循环是否进行,即 continue 和 break。continue 的作用是跳出本次循环,继续执行下一次循环;而 break 的作用是跳出循环,不再执行。当有多个循环嵌套时,continue 和 break 只对其所在的循环起作用,并不能跳出最外层的循环。

由代码4-7可知,有时while循环和for循环的代码实现的复杂程度会有所不同,但是结果是相同的,读者可根据具体的问题来选择适合的循环语句。本书中的代码采用for循环比较多。采用for循环时,作为循环条件的序列的构造方式有很多种,最常用的就是直接用range()函数。代码4-7中,range(101)代表序列里的数字范围是0~100,步长为1;其也可以写成range(1,101)或range(1,101,1),因为完整的range()函数中共有三个参数,第一个参数代表序列的起始范围,第二个参数代表序列的终止范围,最后一个参数代表步长。

4.3.8　函数

函数是指一段的、集成在一起的、可以完成某种功能的程序,也称为子程序。一个较大的程序通常要分为几个程序块实现,这样不仅方便代码在一个团队之间共享,还增加了程序的可读性,十分方便。一旦一个函数写好,它就可以被调用任意次,它可以有返回值,也可以没有返回值。

在Python中,定义函数的格式如下:

```
def 函数名(参数):
    函数中的代码段
    return 表达式
```

当一个函数没有返回值时,可以不用写return语句;当一个函数有多个返回值,return语句后面的多个表达式要用逗号隔开。函数名由编程者自行命名,命名规则与变量的命名规则相同,在调用函数时需要使用函数名,不管有没有参数,后面必须带上括号。

在神经网络项目的编程中往往会涉及大量代码,我们往往把这些代码分成一个个模块,这时就涉及函数的定义。在本书的实战中,涉及函数定义的有关语法都十分简单,所以读者只需要理解代码4-8即可,不需要理解更深的内容。代码4-8实际上是代码4-7的升级版,这也体现了函数的优势。最后需要说明的是,在一个函数中可以调用另一个函数,前提是另一个函数要在这个函数之前定义好。

代码4-8　函数示例

```
def sumNum(x):                    # 定义函数
    sum = 0
    for i in range(x+1):          # 循环的条件,range()函数构造序列,范围是0 ~ x
        sum = sum + i             # 求和
    return sum


result = sumNum(100)              # 调用函数
print(result)                     # 输出结果
```

输出结果如下:

```
5050
```

4.3.9　类

类(Class)是一种面向对象的程序设计的数据封装方法,它与函数的定义方法类似,比函数更高级。类的实例被称为对象。

本书中类的常用定义格式如下:

```
class 类名:
    def __init__(self, 参数):
        super(类名, self).__init__()
```

```
        self.参数 = ...
        ...
    def 其他函数名(self):
        ...
...
```

注意：本小节给出的类的定义格式并不是标准的类的定义格式，不具有普遍性，但对于本书后面的实战内容具有实用性。

其中，__init__()是一种类的初始化方法，常常用来初始化一个类。例如，在进行神经网络的搭建时，常常使用init初始化方法来进行网络结构参数的设置，初始化完成以后再定义其他的函数完成一些其他的操作。super语句涉及子类和父类的概念，本书不予讨论，读者只需要记住其固定写法即可。

调用类中的对象的格式如下：

类名.对象名

定义一个神经网络稍显复杂，因此这里先从定义一个简单的类开始，直观感受类的定义。尝试实现这样一个类，类中包括大学生的姓名、性别、班级、学号及期末考试成绩排名，然后单独访问每个数据并输出。实现的程序如代码4-9所示。

代码4-9　个人数据存储示例

```
class perData():                                        # 定义类
    def __init__(self, name, sexy, className, number, rank):# 初始化函数
        self.name = name
        self.sexy = sexy
        self.className = className
        self.number = number
        self.rank = rank

    def printData(self):                                # 输出函数
        print(f'姓名:{self.name}')
        print(f'性别:{self.sexy}')
        print(f'班级:{self.className}')
        print(f'学号:{self.number}')
        print(f'排名:{self.rank}')


a = perData('张小红', '女', '自动化一班', '2016890000', '13') # 在类中传入数据
a.printData()                                           # 调用类中的printData对象
```

输出结果如下：

```
姓名:张小红
性别:女
班级:自动化一班
学号:2016890000
排名:13
```

注意：init前后分别有两个下划线，如果只写一个会报错。

4.3.10　列表和元组

列表(List)和元组(Tuple)也是在神经网络项目中比较常用的两种数据结构,在这里只做简单介绍。

列表也称为序列,其中每个元素都被分配一个数字来表示位置,该数字称为下标。其类似于C语言中的数组的概念,但是列表中的每个元素不一定是数字,也可以是字符串,并且一个列表中可以有不同类型的元素。Python中的列表的格式如下:

```
列表名 = [元素1, 元素2, …]
```

在引用列表时,需要通过下标来进行索引,下标从0开始,需要用方括号括起来,如下:

```
List = [1, 2, 3, 'a', 'b' ]
print(List[3])
```

输出结果如下:

```
a
```

如果想创建空列表,可以直接使用空的双引号,并且在后面加上乘号"*"和想要创建的空列表长度,创建成功即可通过下标索引对列表的相应位置进行赋值,如下:

```
List = [''] * 10
List[8] = 100
```

Python中的元组与列表类似,不同之处在于,元组的元素不能修改,并且元组采用括号的形式。其创建格式如下:

```
元组名 = (元素1, 元素2, …)
```

4.3.11　引入模块

在4.2节搭建好的Python环境中已经集成好了许多不同功能的强大的库,我们可以引入这些库来提高编程效率。同时,用户也可以引用其他人的.py文件中的一些写好的代码块,在一个项目中往往许多个文件都会互相引用,这样可以让编程模块化。

引入其他模块的方法是使用import或from…import…,格式如下:

```
import 模块名
from 模块名 import 子模块名
```

引用模块的代码一般写在一段代码的最开头,这样可以方便地看到这段代码一共引用了哪些模块。引入模块之前必须确认当前的环境中已经安装了需要引用的模块,否则将会因为找不到模块而报错。在引用模块时,只需要使用模块名即可直接引用,后面加点"."可以访问模块中的子模块。

如果一个模块名很长,在反复引用时会大量重复该模块名,十分不方便。因此,可以采用下面的这种形式来给模块重新赋予一个更加简单的模块名:

```
import 模块名 as 用户创建的模块名
from 模块名 import 子模块名 as 用户创建的模块名
```

在神经网络项目的编程中比较常引用的模块有numpy、cv2、torch、matplotlib等,这些模块的功能在后面章节中遇到时会再讨论。一般在引用 numpy 和 cv2 时的代码如下：

```
import numpy as np
import cv2 as cv
```

注意：torch 模块在 Anaconda 中没有集成，需要单独安装，在第 5 章中会详细讨论。

这样，如果想引用 numpy 或 cv2 中的某些功能，可以直接这样写：

```
x = np.max([1,2,3,4])          # 引用 numpy 中的 max 功能求数组的最大值
y = cv.imread('1.jpg')         # 引用 cv2 中的 imread 功能读取图像
```

4.3.12　注释

注释是一个初学编程时比较容易被忽略的问题，但实际上它是一段代码中十分重要的组成部分，一段好的代码往往会有许多注释，可以让除了作者以外的其他程序员也可以快速轻松地读懂。

在本小节之前，细心的读者应该已经注意到了在许多代码段中的注释的写法，即"井号'#'+注释内容"，只需要一个井号就可以轻松地在一段代码之前、之后或单独一行增加注释，注释的内容一般与井号"#"之间添加一个空格，井号"#"也最好不要紧靠代码，要留适当的距离。在 PyCharm 中，如果想要把一段内容注释掉，可以在选中内容以后按"Ctrl+/"组合键，重复操作会取消注释。

如果想要增加多行注释，除了给每一行都加上井号"#"以外，还有一种简单的形式，即在多行注释的内容前后分别添加三个单引号，格式如下：

```
'''
多行注释内容
'''
```

注意：多行注释格式中的单引号可以换成双引号。

4.4　编写第一个感知器程序

2.1 节介绍了一种感知器模型，它是神经网络的基础。本节将运用 Python 的基础语法来编写一个简单的感知器程序，让感知器感受两个输入，并且完成异或运算。由于目前本书介绍的知识比较有限，因此本节只写出感知器的前向传播过程的有关程序，并且要求随机给定权值并计算误差。

4.4.1　需求分析

在进行编程之前，首先进行需求分析，这有助于指明方向，从而在后面的过程中有更高的效率。

本节的需求是编写一个感知器程序,让它能够感受两个输入并完成异或运算(暂且不讨论训练过程),同时计算误差。

经过分析,如图4.29所示,可以将程序分为三个部分:主程序、感知器前向传播程序、误差计算程序。主程序是程序的开始,要在其中设置好输入和期望的输出,然后通过调用其他模块来完成需求的整个过程;感知器前向传播程序用来设置感知器的有关参数,用来完成前向传播过程;误差计算程序要把最终的结果传入,计算最终误差。

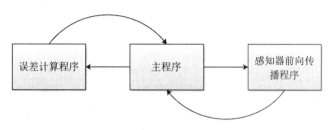

图4.29　感知器程序总体设计

4.4.2　主程序

主程序是程序的开始,在主程序中要完成输入的设置、期望输出的设置及一些流程性的步骤。设置输入时,因为要完成的是异或运算,所以输入只有1或0。异或运算的输入和输出如表4.3所示,可以简单地理解为"相同为0,不同为1"。

表4.3　异或运算的输入和输出

输入		输出
1	1	0
1	0	1
0	1	1
0	0	0

由于每一次都有两个输入,因此可以用列表来表示输入。如代码4-10所示,分别设置了x1、x2、x3、x4四种输入,每一种中都有两个输入。代码4-10的开头部分"if __name__ == "__main__":"为主程序的标准开头形式,有了这个开头,无论它下面的代码在程序中的哪个位置,都会从它开始执行。设置完输入后,即可利用感知器前向传播程序(perception()函数)得到输出,然后将得到的输出存入y0列表中。设置期望的输出y,将y与y0一起传入误差计算程序(err()函数)得到误差,最终输出所有结果。

代码 4-10　主程序

```
if __name__ == "__main__":               # 主程序
    x1 = [1, 1]
    x2 = [1, 0]
    x3 = [0, 1]
    x4 = [0, 0]                           # 设置输入,每个x包含两个输入,所以存成列表形式
    y1 = perception(x1)
    y2 = perception(x2)
    y3 = perception(x3)
    y4 = perception(x4)                   # 从perception()函数得到运算结果
    y0 = [y1, y2, y3, y4]                 # 将得到的结果存入一个列表中
    y = [0, 1, 1, 0]                      # 设置期望输出
    e = err(y0, y)                        # 将实际输出和期望输出传入err()函数计算误差
    print(f'{x1}->{y1}')
    print(f'{x2}->{y2}')
    print(f'{x3}->{y3}')
    print(f'{x4}->{y4}')
    print(f'误差为:{e}')                   # 输出所有结果
```

　　注意:主程序开头形式中name前后和main前后都各有两个下划线,包围__main__的双引号可以换成单引号。

4.4.3　感知器前向传播程序

　　感知器前向传播程序用来完成感知器前向传播过程。要想实现感知器的功能,首先要明白所要实现的感知器模型是怎样的。如图4.30所示,采用Sigmoid函数作为激活函数,由于暂时不考虑反向传播过程,因此随机赋值给w和b来模拟前向传播过程。

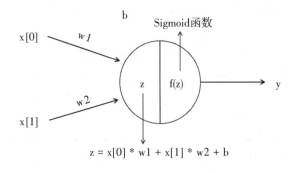

图 4.30　异或感知器模型

　　因为随机赋值并且采用Sigmoid函数计算 e 的 n 次方,所以需要引入两个模块来产生随机数与完成 e 的有关运算,如下:

```
import random                            # 导入随机数模块
import math                              # 导入math模块
```

random 模块可以产生不同种类的随机数,其功能如表4.4所示;math 模块则可以完成关于浮点数的数学运算的各种功能。引入这两个模块以后,即可书写感知器前向传播过程的有关代码,如代码4-11所示。首先定义一个名为 perception 的函数,设置一个输入参数 x;然后给 w 和 b 赋随机值来模拟学习过程;最后通过 Sigmoid 函数得到最终结果,通过 return 返回结果。其中,math.exp(z)代表 e^z。

表4.4 random 模块的功能

形式	功能
random.random()	生成一个0~1的随机浮点数
random.uniform(a, b)	生成[a,b]之间的浮点数
random.randint(a, b)	生成[a,b]之间的整数
random.randrange(a, b, step)	在指定的集合[a,b)中,以 step 为基数随机取一个数
random.choice(sequence)	从特定序列中随机取一个元素,这里的序列可以是字符串、列表、元组等

代码4-11 感知器前向传播程序

```python
def perception(x):              # 感知器程序
    w1 = random.uniform(-1, 1)
    w2 = random.uniform(-1, 1)  # 随机生成权值
    b = random.uniform(-1, 1)   # 随机生成偏置值
    z = x[0] * w1 + x[1] * w2 + b   # 输入与权值相乘与偏置值求和
    y = 1 / (1 + math.exp(z))   # 通过Sigmoid激活函数得到最终结果
    return y
```

4.4.4 误差计算程序

误差计算程序用来计算误差,这里是计算均方根误差,程序如代码4-12所示。首先定义一个误差函数,并且定义两个参数 y0 和 y,这两个参数分别是含有四个元素的列表。采用 for 循环来计算每个结果的误差,最后求和再取平均值,返回最终结果。

代码4-12 误差计算程序

```python
def err(y0, y):                 # 计算误差函数
    sumErr = 0                  # 误差和
    for i in range(4):
        sumErr += (y0[i] - y[i]) ** 2   # 每一次平方误差求和
    e = sumErr / 4              # 求平均值
    return e
```

4.4.5 运行结果

整个程序写好之后,右击,在弹出的快捷菜单中选择"Run"命令,运行程序。第一次输出结果如下:

```
[1, 1]->0.5345281860178891
[1, 0]->0.668376673581974
[0, 1]->0.22251923879294963
[0, 0]->0.5204262077114156
误差为:0.3177535459980279
```

第二次输出结果如下：

```
[1, 1]->0.28899339669868374
[1, 0]->0.5316688316484118
[0, 1]->0.4292240290355491
[0, 0]->0.7197783081842661
误差为:0.28667932213700564
```

从结果来看,因为权值每次都不同,所以产生的结果也不同,这也很好地模拟出了实际的过程。这里并没有添加学习过程的代码,所以反复运行该程序,得到的结果也不一定会向着期望的结果接近。

4.5 小结

本章详细讨论了Python的一些基础知识,从Python的环境搭建到PyCharm的使用,从变量的定义和使用到数据结构再到函数,都是在神经网络编程中经常会用到的基础语法。学完本章后,读者应该能够回答以下问题：

（1）什么是Python？Python有哪些特点？

（2）Python的输出语句的f格式有什么作用？

（3）什么是变量？在Python中如何定义和使用变量？

（4）Python中的运算符都有哪些？

（5）Python中的数据类型都有哪些？

（6）Python中的if语句有什么作用？如何使用？

（7）Python中的循环语句都有哪些？分别如何定义？

（8）在Python中如何定义函数？

（9）在Python中如何定义类？

（10）Python中的列表和元组有什么区别？分别怎么定义？

（11）在Python中如何引入其他模块？

（12）在Python中如何增加注释？

第 5 章

深度学习框架 PyTorch 入门与实战

本章将介绍一种深度学习框架——PyTorch,这是一种非常方便的框架,它让搭建神经网络如同搭积木一般简单。在本书后面的实战内容中,都将直接运用这种框架。

本章主要涉及的知识点

♦ PyTorch 的特点。

♦ 安装 PyTorch 的方法。

♦ PyTroch 的基本用法。

♦ 用 PyTorch 搭建一个神经网络以学习异或运算的具体步骤。

5.1 PyTorch简介

本节将简单介绍PyTorch的由来和特点,这些内容可使读者从一个整体的角度来感受为什么一定要学习这个深度学习框架而不是直接通过Python自己写代码来完成神经网络的构建。

5.1.1 什么是PyTorch

4.3.11小节介绍了在Python中引入其他模块的方法,读者可能会有疑问,有没有什么模块可以极大地方便搭建神经网络呢? 答案是肯定的,这个模块就是PyTorch,如图5.1所示。PyTorch是Facebook公司开发的一种开源的深度学习框架,内含大量的神经网络接口及自动求导功能等,极大地方便了神经网络程序的开发。

图 5.1　PyTorch 标识

PyTorch 的前身是 Torch 框架,但是该框架并不是为 Python 开发的。在 Python 语言火爆以后,Torch 7 的开发团队基于 Torch 底层,重新用 Python 书写了许多新的部分,形成了目前的 PyTorch 框架。在深度学习框架中,谷歌公司的 TensorFlow 一直独占鳌头,可近几年由于 PyTorch 的动态图特性及简单易用等优点,PyTorch 已经有了赶超 TensorFlow 的势头,使用的开发者不断增多。

5.1.2 PyTorch的特点

相比其他学习框架,PyTorch有一些比较突出的特点,如支持GPU、动态性、Python优先、命令式体验、轻松扩展等。

PyTorch依托Python语言,使得深度学习开发者可以使用大量的库。PyTorch改进了现有的深度学习框架,采用动态图的方式,可使编写的程序能够按照命令的顺序来执行,符合人类的正常思维,让我们更容易通过程序来实现想法,而不需要像TensorFlow等其他框架那样在每次程序执行时先生成神经网络结构再执行其他内容。实际上,静态图的这种运行方式更有助于性能优化,但这也意味着将会扩大程序与编程者之间的隔阂,而且在实际应用中,静态图的这种性能优势也并不是十分明显。

PyTorch支持GPU加速,在PyTorch框架中有GPU加速接口,可以让编程者很方便地在具有GPU的设备上完成网络训练,不过PyTorch对于多GPU并行训练并不是很支持。

5.1.3 为什么要选择PyTorch搭建神经网络

综合5.1.2小节所提到的特点,PyTorch与目前其他主流深度学习框架相比,具有以下优点:

(1)GPU加速。

(2)自动求导。

(3)常用网络层接口。

(4)动态神经网络。

自动求导功能是一个深度学习框架的关键,它让编程者不必再编写具体的求导过程,大大地减少了代码量,提高了编程效率。PyTorch提供给编程者的大量常用网络层接口也让搭建网络结构变得十分简单,如搭建一个卷积层只需一行代码就可以完成:

```
torch.nn.Conv2d(in_channels=3, out_channels=96, kernel_size=11, stride=4,
                padding= 2, bias=False)
```

注意:torch为PyTorch的模块名,torch.nn为PyTorch中集成的网络层接口。

使用激活函数也十分方便,只需要下面一行代码:

```
torch.nn.ReLU()
```

这些优点都让使用PyTorch搭建神经网络成为一个很不错的选择。PyTorch与TensorFlow的对比如图5.2所示。

图 5.2　PyTorch 与 TensorFlow 的对比

如果考虑到将来的工业部署,PyTorch也是一个不错的选择,因为最新版本的PyTorch已经集成了Keras框架,这就代表着即使将来想将使用PyTorch搭建的神经网络真正部署到工业场景中也不是一件多么复杂的事情。所以,无论是作为学习工具还是工业部署,PyTorch都是一个好的选择。

5.2 安装PyTorch框架

简单了解了PyTorch框架之后,本节介绍PyTorch框架的安装过程,这里通过Anaconda环境进行安装。建议读者在安装之前找到图4.23的设置中的选项,检查集成环境中是否已经安装了PyTorch框架,如果已经安装,则可以略过本节内容。

5.2.1 conda命令

安装PyTorch的方法是通过Anaconda环境,但是并不代表一定要打开Anaconda应用程序,我们只需采用命令行的方式即可完成安装。按"Windows+R"组合键调出"运行"对话框,在"打开"文本框中输入"cmd",进入命令行界面,输入"conda",按"Enter"键,如图5.3所示。图5.3中显示的是conda命令下的各种设置与操作指令,如可以通过conda list命令查看集成环境中安装了哪些包,通过conda install命令可以安装有关的包,通过conda uninstall命令可以卸载有关的包。同时,能够获得这些指令列表页代表着之前已经将Anaconda环境成功地安装在计算机中。

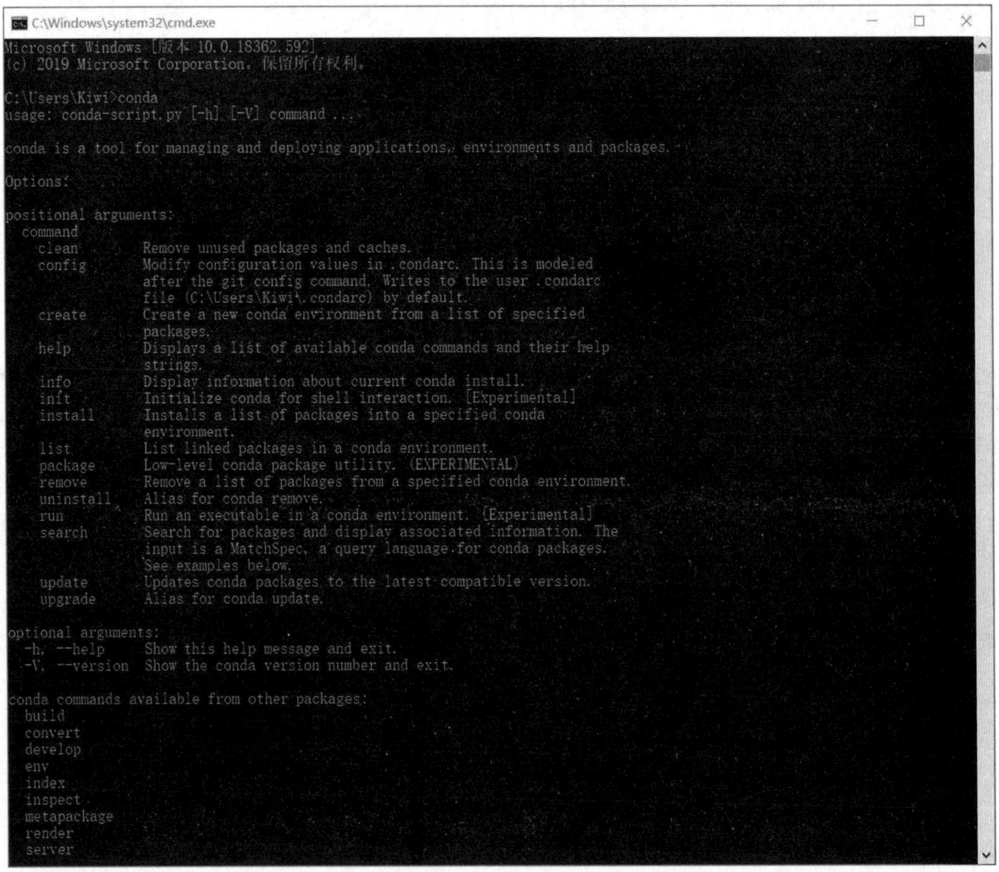

图5.3 conda命令

5.2.2　选择PyTorch版本进行安装

如果想通过Anaconda安装PyTorch框架,就要使用相应的conda指令,那么如何找到安装PyTorch框架的conda指令呢? 可以直接输入"conda install pytorch",但是该指令往往不能得到想要的PyTorch版本,并且还可能产生一些未知的解析环境的错误。

如果想要安装自己期望版本的PyTorch,可以访问PyTorch官网,如图5.4所示。

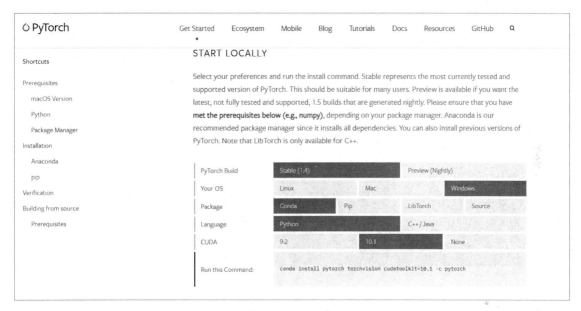

图5.4　PyTorch官网

注意:图5.4所示的选项中,建议读者不要选择Package选项中的Pip。虽然Pip安装是一种比较高效的安装方式,但是在安装PyTorch时会有一定面临未知错误的风险。

在图5.4中,可以通过选择相应的版本来最后生成安装的conda命令。本书选择Windows下的CUDA 10.1版本,最后生成的安装命令如下:

```
conda install pytorch torchvision cudatoolkit=10.1 -c pytorch
```

复制这段命令,粘贴到之前打开的命令行中,按"Enter"键后稍等一段时间,会显示图5.5所示的安装计划,计划显示即将安装的PyTorch版本是1.4.0,输入"y"确定开始安装。由于框架及一些相关的工具包比较大,因此需要等候一段时间。

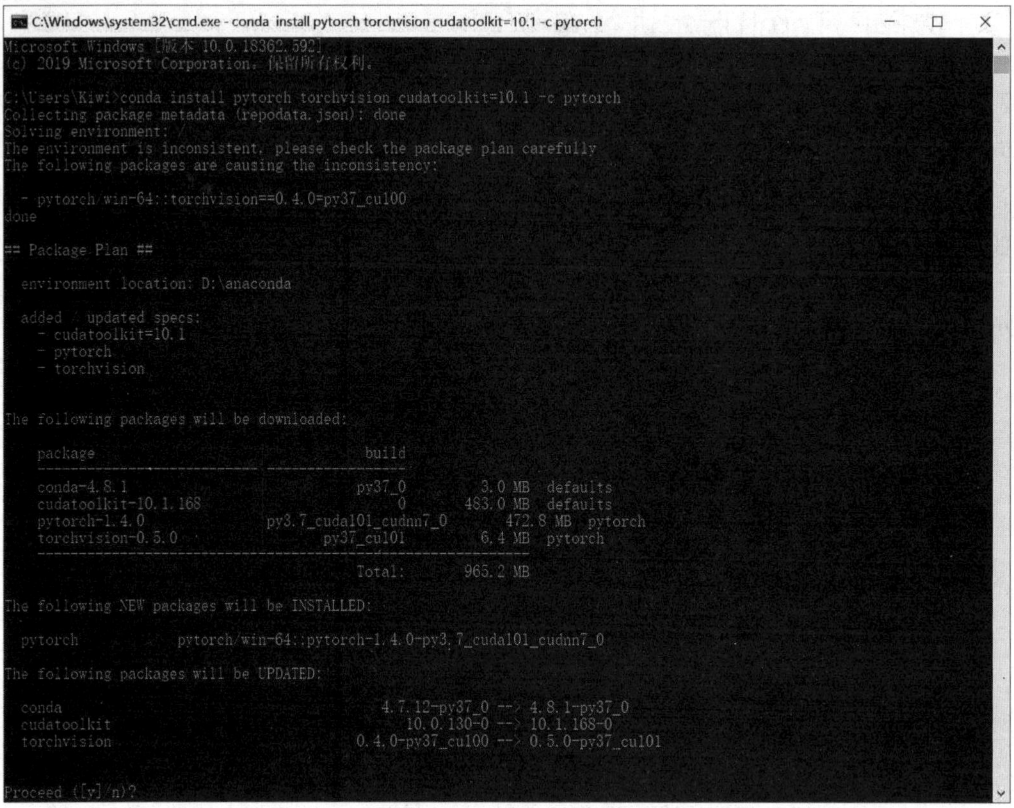

```
C:\Windows\system32\cmd.exe - conda install pytorch torchvision cudatoolkit=10.1 -c pytorch
Microsoft Windows [版本 10.0.18362.592]
(c) 2019 Microsoft Corporation。保留所有权利。

C:\Users\Kiwi>conda install pytorch torchvision cudatoolkit=10.1 -c pytorch
Collecting package metadata (repodata.json): done
Solving environment: /
The environment is inconsistent, please check the package plan carefully
The following packages are causing the inconsistency:

  - pytorch/win-64::torchvision==0.4.0=py37_cu100
done

## Package Plan ##

  environment location: D:\anaconda

  added / updated specs:
    - cudatoolkit=10.1
    - pytorch
    - torchvision


The following packages will be downloaded:

    package                    |            build
    ---------------------------|-----------------
    conda-4.8.1                |           py37_0         3.0 MB  defaults
    cudatoolkit-10.1.168       |                0       483.0 MB  defaults
    pytorch-1.4.0              |py3.7_cuda101_cudnn7_0       472.8 MB  pytorch
    torchvision-0.5.0          |        py37_cu101         6.4 MB  pytorch
    ------------------------------------------------------------
                                           Total:       965.2 MB

The following NEW packages will be INSTALLED:

  pytorch            pytorch/win-64::pytorch-1.4.0-py3.7_cuda101_cudnn7_0

The following packages will be UPDATED:

  conda                                       4.7.12-py37_0 --> 4.8.1-py37_0
  cudatoolkit                                   10.0.130-0 --> 10.1.168-0
  torchvision                             0.4.0-py37_cu100 --> 0.5.0-py37_cu101


Proceed ([y]/n)?
```

图 5.5　安装计划

中间过程可能需要按一次“Enter”键，安装成功后会显示图5.6所示的内容。

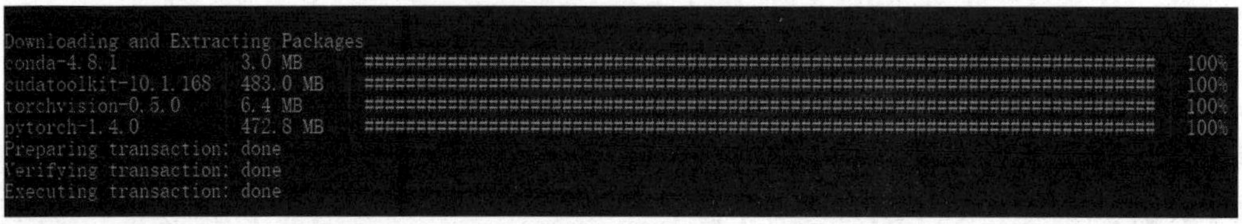

```
Downloading and Extracting Packages
conda-4.8.1          | 3.0 MB    | ############################################################################ | 100%
cudatoolkit-10.1.168 | 483.0 MB  | ############################################################################ | 100%
torchvision-0.5.0    | 6.4 MB    | ############################################################################ | 100%
pytorch-1.4.0        | 472.8 MB  | ############################################################################ | 100%
Preparing transaction: done
Verifying transaction: done
Executing transaction: done
```

图 5.6　安装成功

最后可以在PyCharm中检验是否能够调用PyTorch框架，调用的代码如下：

```
import torch                    # 调用torch包
import torchvision              # 调用torchvision包
```

torch包即PyTorch网络框架；torchvision包也是一个非常有用的包，它是PyTorch框架下集成的一些与计算机视觉有关的网络的结构的包。运行这两行代码，如果没有报错，则证明已经成功安装了PyTorch并且成功引入了这个模块。

5.3 PyTorch 基础

安装好 PyTorch 框架后，本节将会介绍一些 PyTorch 框架的基本使用方法，这些方法并不全面，但是非常实用。在学习了 PyTorch 框架的基本使用方法之后，读者将会很快学会利用其搭建一个神经网络，并且训练也将变得十分简单。

5.3.1 构建输入/输出

3.3.1 小节介绍了 Tensor 类型变量，而在使用 PyTorch 进行神经网络程序开发时，直接通过引用该 torch 模块就可以完成 Tensor 类型变量的创建。创建 Tensor 类型变量的代码如下：

```
变量名 = torch.tensor(数据)
```

注意：这里的数据既可以是直接输入的数据，也可以是来自其他变量的数据。

在使用 PyTorch 完成神经网络项目时，构建神经网络的输入/输出必须是 Tensor 类型的变量。创建 Tensor 变量示例如代码 5-1 所示，其中 x、y 分别是一个一维和二维的 Tensor 变量。从输出结果来看，两个变量都被默认创建为 LongTensor 类型。

代码 5-1 创建 Tensor 变量示例

```
import torch

x = torch.tensor([1, 2, 3, 4])                          # 创建一维 Tensor 变量 x
y = torch.tensor([[1, 2], [3, 4]])                      # 创建二维 Tensor 变量 y
print(f'x:{x},x的类型:{x.type()},x的尺寸:{x.size()}')    # 输出 x 变量、x 的类型和尺寸
print(f'y:{y},y的类型:{y.type()},y的尺寸:{y.size()}')    # 输出 y 变量、y 的类型和尺寸
```

输出结果如下：

```
x:tensor([1, 2, 3, 4]),x的类型:torch.LongTensor,x的尺寸:torch.Size([4])
y:tensor([[1, 2],
          [3, 4]]),y的类型:torch.LongTensor,y的尺寸:torch.Size([2, 2])
```

细心的读者已经发现，Tensor 并不只是包括一种数据类型，它类似于 4.3.5 小节所讨论的数据类型，也有许多不同的类型，而其中比较常用的就是 LongTensor 类型和 FloatTensor 类型。这可能比较难理解，因为 Tensor 本身也可以算是一种数据类型，但是该数据类型又分出了许多不同的数据类型。可以将 Tensor 理解为一个容器，如果想要使用 PyTorch 进行神经网络程序的开发，就必须将输入/输出放入 Tensor 这个容器中，而容器中的数据又有着自己的数据类型。

也就是说，可以像之前所讲过的强制类型转换的方法来对 Tensor 变量的数据类型进行转换，格式如下：

```
Tensor 变量.想要转换的类型()
```

例如，想把代码5-1中的Tensor变量转换成FloatTensor类型，代码如下：

```
x = x.float()                              # 转换成FloatTensor类型
y = y.float()                              # 转换成FloatTensor类型
```

如果要使用GPU训练，那么构建的输入和输出也需要从CPU传入GPU中。将x传入GPU的方法如下：

```
x = x.cuda()                                       # 传入GPU
```

注意：每次进行从CPU到GPU的有关操作时均会消耗较长的时间，所以在写代码时，尽量不要在循环中出现类似的语句，否则会导致程序运行速度大大降低。

这时如果输出x变量，则会输出如下结果：

```
tensor([1., 2., 3., 4.], device='cuda:0')
```

后面device部分就代表这个变量是存储在GPU中的变量，GPU编号是0，是本书采用的计算机中的显卡中带的GPU。

类似地，将GPU中的数据传回CPU的方法如下：

```
x = x.cpu()                                        # 传回CPU
```

本小节所讲的关于Tensor变量的操作方法在之后的实战中会经常使用，而使用哪个、什么时候使用则需要根据具体的问题来分析。

5.3.2　构建网络结构

在PyTorch中，可以用一些接口快速高效地搭建网络。其中，torch.nn就是一个很方便的接口，可以简单快速地搭建一个神经网络。创建的网络层还需要用一个有序的容器封装起来，该容器就是torch.nn.Sequential。创建网络的一般格式如下：

```
网络名 = torch.nn.Sequential(网络层)
```

习惯上在神经网络程序的开头会写这样一段代码：

```
import torch.nn as nn
```

这样在后面用到torch.nn接口时，就会直接使用nn来代替，这样写可以减少多余代码。假设要构建一个图2.17所示的网络结构，一共有两个隐含层、两个输入和一个输出，激活函数采用Sigmoid函数，两个隐含层的节点数各为四个。构建该网络结构的代码如下：

```
import torch.nn as nn                     # 简化接口

myNet = nn.Sequential(                     # Sequential容器
    nn.Linear(2, 4),                       # 全连接层：两个输入，四个输出
    nn.Sigmoid(),                          # Sigmoid函数层
    nn.Linear(4, 4),                       # 全连接层：四个输入，四个输出
    nn.Sigmoid(),                          # Sigmoid函数层
    nn.Linear(4, 1),                       # 全连接层：四个输入，一个输出
```

```
        nn.Sigmoid()                           # Sigmoid 函数层
)
print(myNet)                                   # 输出网络结构层
```

输出结果如下：

```
Sequential(
    (0): Linear(in_features=2, out_features=4, bias=True)
    (1): Sigmoid()
    (2): Linear(in_features=4, out_features=4, bias=True)
    (3): Sigmoid()
    (4): Linear(in_features=4, out_features=1, bias=True)
    (5): Sigmoid()
)
```

从上面的代码中可以看出，Sequential容器中的每个网络层都是直接使用非常方便的接口。其中，nn.Linear是全连接层的一个接口，它的两个参数分别是输入和输出的节点个数；nn.Sigmoid()是Sigmoid函数的一个接口，直接调用即可完成Sigmoid函数的功能，十分方便。这里需要注意的是，上一个全连接层的输出节点的个数一定要与下一个全连接层的输入节点的个数相同。创建好的网络结构的定义过于简单，在写训练部分的代码时还需要定义一些有关的函数才能完成整个训练，所以通常把网络结构定义在一个类中。4.3.9小节已经介绍了类的定义格式，该定义格式十分重要，如下：

```
class 类名:
    def __init__(self, 参数):
        super(类名, self).__init__()
        self.参数 = ...
        ...
    def 其他函数名(self):
        ...
...
```

一个类中可以定义不同的函数，这一点非常适合于神经网络结构的定义。因为在定义网络结构时，最好能同时定义出网络的一个前向传播过程，即网络中数据流动的方向。所以，可以用类来定义网络，用类创建神经网络示例如代码5-2所示。

代码5-2　用类创建神经网络示例

```
import torch.nn as nn                          # 简化接口


class myNet(nn.Module):                        # 定义类
    def __init__(self):                        # 初始化函数
        super(myNet, self).__init__()          # 类继承
        self.net = nn.Sequential(              # Sequential 容器
            nn.Linear(2, 4),                   # 全连接层：两个输入，四个输出
            nn.Sigmoid(),                      # Sigmoid 函数层
            nn.Linear(4, 4),                   # 全连接层：四个输入，四个输出
            nn.Sigmoid(),                      # Sigmoid 函数层
```

```
            nn.Linear(4, 1),                    # 全连接层:四个输入,一个输出
            nn.Sigmoid()                        # Sigmoid函数层
        )

    def forward(self, x):                       # 定义前向传播过程
        output = self.net(x)                    # 输入x经过网络层得到输出output
        return output                           # 返回output


net = myNet()
print(net)                                      # 输出网络结构层
```

输出结果如下:

```
myNet(
  (net): Sequential(
    (0): Linear(in_features=2, out_features=4, bias=True)
    (1): Sigmoid()
    (2): Linear(in_features=4, out_features=4, bias=True)
    (3): Sigmoid()
    (4): Linear(in_features=4, out_features=1, bias=True)
    (5): Sigmoid()
  )
)
```

在代码5-2中,类的定义中的代码和之前讨论过的类的定义完全一致,在初始化函数中定义了网络的各层参数和结构,在forward()函数中定义了前向传播的过程,这样非常有助于编写训练代码。所以,在今后的神经网络编程中,建议尽量采用这种类定义的方式来定义神经网络结构。

5.3.3　定义优化器与损失函数

构建完网络之后,下一步要进行的就是优化器和损失函数的定义。3.2.3小节已经详细讨论了几种优化器,这些优化器的定义都十分简单,格式如下:

```
import torch
优化器名 = torch.optim.优化器接口(网络名.parameters(), 其他参数)
```

首先必须引入torch模块。优化器名是用户自己给优化器定义的名称,一般直接用optimizer这个单词。torch.optim后面的"优化器接口"是要引入的优化器名称,常用的有SGD、Adam等。括号中的语句的作用是将之前定义的网络参数传入优化器中,网络名即之前定义的网络名称。例如,给代码5-2中创建的网络结构设置优化器的方式如下:

```
optimizer = torch.optim.SGD(net.parameters(), lr=0.05)
```

这样在后面调用optimizer时,就会使用SGD方法、学习率为0.05来进行网络训练。在后面的训练过程中,还会用到两句有关优化器的代码,如下:

```
optimizer.zero_grad()
optimizer.step()
```

optimizer.zero_grad()用来清除梯度,即进行梯度初始化。optimizer.step()表示开始进行优化算法。这两行代码的具体用法会在本章后面的部分进行讨论。

同优化器一样,损失函数也需要提前定义好,定义方法如下:

```
损失函数名 = nn.函数接口()
```

注意:这里定义损失函数的方法的前提是已经引入了 torch.nn 模块。

如果想要使用 2.4 节中提到的均方差函数作为损失函数,可以像下面这样定义:

```
loss_func = nn.MSELoss()
```

nn 模块里直接就有 MSE 函数的接口,所以根本不用自己再定义一个函数来作为损失函数,十分方便。

之前已经讨论过利用损失函数进行误差的反向传播过程,如果自己编写函数来实现这一过程,则需要大量的代码来实现。而在 PyTorch 中,只需要下面两行代码即可完成误差的反向传播:

```
loss = loss_func(实际输出, 期望输出)
loss.backward()
```

第一行代码是将实际输出和期望输出传入损失函数,从而进行相关运算;第二行开始进行误差的反向传播,这一过程完全是由 PyTorch 框架自动实现的,不仅减少了代码量,还大大提高了程序的运行速度。

5.3.4　保存和加载网络

在网络训练好以后,如果想要在下一次使用这个训练好的网络,则需要保存训练好的网络模型,并且在使用时再加载出来。网络模型的保存和加载在 PyTorch 框架中也有相应的接口。

在 PyTorch 中有两种保存和加载网络模型的方法。其中,第一种保存网络模型的方法是直接保存整个网络模型,格式如下:

```
torch.save(网络名, '路径/命名.pkl')
```

运行这行代码以后,会将训练好的网络的整个模型存入一个 .pkl 文件中,该文件会保存在用户指定的路径下,如不指定路径,则会默认保存在该 .py 文件下的路径。这种方法保存了整个网络,在加载网络时不用再重新定义网络模型,但是这种保存方式保存的 .pkl 文件较大,在网络模型特别复杂时比较占空间,并且加载网络的速度较慢。

与上面这种方法对应的加载网络模型的方法如下:

```
网络名 = torch.load('路径/文件名.pkl')
```

运行这行代码,训练好的网络就会成功加载,在之后如果要想使用该训练好的网络,直接使用网络名即可。

注意:如果保存的网络是以类的形式创建的,那么在再次调用时,需要重新将类的框架结构写在前面,否则系统会报错。

第二种保存网络模型的方法是只保存网络的参数,而不保存整个网络模型,这样保存的方法如下:

```
torch.save(网络名.state_dict(), '路径/命名.pkl')
```

这种方法将网络的所有参数保存在.pkl文件中,如果要加载这些参数,需要先定义好网络,且定义的网络要与之前保存时的网络模型相同。定义好网络后才能执行下面加载网络参数的语句:

```
网络名.load_state_dict(torch.load('路径/文件名.pkl'))
```

上述代码运行成功以后,就可以直接使用网络名来调用之前训练好的网络。这种方法的优点是只保存和加载网络参数,速度快,占用空间小,但是需要在加载之前重新定义好网络。

5.4 小实战:用PyTorch搭建一个神经网络以学习异或运算

前面已经讨论了PyTorch框架的作用及安装过程,并讲解了一些具体的PyTorch基础,相信读者现在已经能够尝试书写自己的代码来调用PyTorch框架去做一些有意思的事情了。本节就来完成之前讨论过的一个程序,用Python真正开发出一款具有实际用途的神经网络程序。

5.4.1 需求分析

4.4节已经尝试使用感知器模型来实现异或运算,但是并没有编写误差的反向传播的有关程序,所以4.4节中的程序只是存在前向传播过程,输出的结果往往不是我们想要的。而在学习了PyTorch框架以后,我们就可以很简单地实现训练过程。

本节使用一个比较简单的神经网络来实现异或运算,如图5.7所示,采用含有一个隐含层的神经网络,隐含层节点的个数为20,该节点数量已经足以解决异或运算这样简单的问题。网络的隐含层的激活函数采用ReLU函数,这是因为在经过试验之后证明ReLU函数在该问题上有更好的性能。输出层激活函数采用Sigmoid函数,保证输出范围小于1。

在实现该程序时可将其大致分为两部分,一部分是训练部分,另一部分是测试部分。在训练部分中,要完成模型的训练;在测试部分中,要编写一个程序加载训练好的模型,增加适当的输入最后获得输出,观察结果是否是所期望的结果。

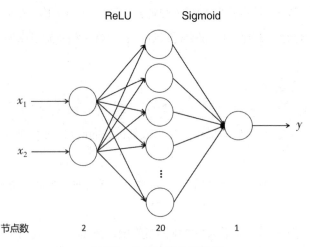

图5.7 异或运算网络模型

5.4.2 训练程序

要实现训练网络的程序,首先需要创建一个新的项目,然后新建一个.py文件,可以将其命名为train。对PyCharm新建项目操作还不是很熟悉的读者可以参看4.2.4小节。代码中首先引入torch模块及nn模块,然后构建输入和期望输出。目前构建输入和输出的方式是先用列表构建,然后再转换成Tensor变量。由于有两个输入,四种情况,因此构建输入时需要使用列表里嵌套列表的方式。输入的四种情况就是训练集,因为训练集的数量很少,所以并不需要像3.3节所讲的那样构建训练集、测试集或交叉验证集,只需要把四种情况全部作为训练集即可。

输入和期望输出的构建方法如下:

```
x = [[0, 0], [0, 1], [1, 0], [1, 1]]
y = [[0], [1], [1], [0]]                              # 用列表构建输入和输出
```

上述代码中,在方括号中再加上方括号,就完成了列表的嵌套,也可以理解为增加了列表的维度。由于PyTorch框架的特性,输出需要和输入保持相同的形式,所以输出也使用了列表的嵌套。

注意:此处使用列表的嵌套来构建输入和输出并不是最好的选择,后面会选择使用numpy模块来进行数据的构建,不过此处暂时只能使用这种方法。

这两行代码正好对应了表4.3中的异或关系,列表中的相应位置互相对应,如[0, 0]输入对应的输出是[0]。

构建完输入和输出后,还要将输入和输出转换成Tensor类型变量。因为如果采用SGD算法,PyTorch框架中的SGD接口要求传入的输入和输出一定是FloatTensor类型的变量,所以要将之前构建好的Tensor变量转换成FloatTensor类型。计划训练5000次,用GPU会节省很多时间,所以要将输入和输出最后传入GPU中。

完成了输入和输出的准备工作以后,就可以开始进行网络结构的构建。根据图5.7,可以用PyTorch框架写出如下代码来完成网络的搭建:

```
net = nn.Sequential(
    nn.Linear(2, 20),                                 # 全连接层,2个输入,20个输出
    nn.ReLU(),                                        # ReLU激活函数层
    nn.Linear(20, 1),                                 # 全连接层,20个输入,1个输出
    nn.Sigmoid()                                      # Sigmoid激活函数层
).cuda()                                              # 搭建网络模型,传入GPU
```

该方法和之前讲过的构建网络的方法完全相同,这次的网络结构比较简单,所以并没有采用类的方式来创建网络。网络搭建的过程十分简单直观,只需要根据网络结构图,采用nn模块一行一行的像搭积木一样进行就可以完成。注意最后不要将搭建好的网络结构也传入GPU中。

搭建好网络之后,在训练之前还需要将优化器和损失函数设置好,只需两行代码即可完成:

```
optimizer = torch.optim.SGD(net.parameters(), lr=0.05) # 设置优化器
loss_func = nn.MSELoss()                              # 设置损失函数
```

接下来就要书写训练程序核心部分的代码了,即正式开始网络的训练。这个过程读者应该清楚最基本的一点,就是训练的过程是一个重复的过程,只有经过反复多次的训练才能够让网络输出我们期望的结果。一般将训练所有训练集的一个周期称为一个epoch,所以对于核心代码的for循环,可以这样建立:

```
for epoch in range(5000):                          # 训练部分
    out = net(x_tensor)                            # 实际输出
    loss = loss_func(out, y_tensor)                # 实际输出和期望输出传入损失函数
    optimizer.zero_grad()                          # 清除梯度
    loss.backward()                                # 误差反向传播
    optimizer.step()                               # 优化器开始优化
    if epoch % 1000 == 0:                          # 每1000epoch 显示
        print(f'迭代次数:{epoch}')                  # 输出迭代次数
        print(f'误差:{loss}')                       # 输出损失函数的输出值
```

调用range()函数,让该循环进行5000次,即训练5000次。每一个epoch中,即每一次训练时,首先要把输出传入网络获得实际输出,记作out。然后计算损失函数的值,这里采用的是均方差损失函数。每次计算完损失函数的值以后,都要清除优化器上一次训练累积下来的梯度值,开始这一次新的训练。最后采用if语句输出训练过程,让每1000次训练之后都输出当前迭代的次数及损失函数的值,让运行者可以看到网络训练的过程,掌握进度和记录中间结果。

最后,将最后一次训练之后产生的结果输出,观察网络是否训练得比较合理,代码如下:

```
out = net(x_tensor).cpu()                          # 最后一次的输出传入CPU
print(f'out:{out.data}')                           # 输出训练到最后的结果
```

注意:应书写保存网络的代码,否则之前训练好的网络将会丢失。

本小节的完整程序如代码5-3所示。

代码5-3　train程序

```
import torch
import torch.nn as nn                              # 导入torch模块和nn模块

x = [[0, 0], [0, 1], [1, 0], [1, 1]]
y = [[0], [1], [1], [0]]                           # 用列表构建输入和输出
x_tensor = torch.tensor(x)
y_tensor = torch.tensor(y)                         # 将列表转换成Tensor变量
x_tensor = x_tensor.float().cuda()
y_tensor = y_tensor.float().cuda()                 # 将Tensor变量转换成FloatTensor类型,传入GPU
net = nn.Sequential(
    nn.Linear(2, 20),                              # 全连接层,2个输入,20个输出
    nn.ReLU(),                                     # ReLU激活函数层
    nn.Linear(20, 1),                              # 全连接层,20个输入,1个输出
    nn.Sigmoid()                                   # Sigmoid激活函数层
).cuda()                                           # 搭建网络模型,传入GPU
print(net)                                         # 输出网络结构
optimizer = torch.optim.SGD(net.parameters(), lr=0.05)  # 设置优化器
loss_func = nn.MSELoss()                           # 设置损失函数
```

```
for epoch in range(5000):                        # 训练部分
    out = net(x_tensor)                          # 实际输出
    loss = loss_func(out, y_tensor)              # 实际输出和期望输出传入损失函数
    optimizer.zero_grad()                        # 清除梯度
    loss.backward()                              # 误差反向传播
    optimizer.step()                             # 优化器开始优化
    if epoch % 1000 == 0:                        # 每1000epoch显示
        print(f'迭代次数:{epoch}')               # 输出迭代次数
        print(f'误差:{loss}')                    # 输出损失函数的输出值

out = net(x_tensor).cpu()                        # 最后一次的输出传入 CPU
print(f'out:{out.data}')                         # 输出训练到最后的结果

torch.save(net, 'net.pkl')                       # 保存网络整个模型
```

注意:print(net)只是输出网络的结构,方便初学者查看网络结构,并没有其他作用,在这里也可以去掉。

输出结果如下:

```
Sequential(
    (0): Linear(in_features=2, out_features=20, bias=True)
    (1): ReLU()
    (2): Linear(in_features=20, out_features=1, bias=True)
    (3): Sigmoid()
)
迭代次数:0
误差:0.25733041763305664
迭代次数:1000
误差:0.04570583254098892
迭代次数:2000
误差:0.008599089458584785
迭代次数:3000
误差:0.00384655874222517
迭代次数:4000
误差:0.0023264961782842875
out:tensor([[0.0450],
            [0.9607],
            [0.9626],
            [0.0392]])
```

上述结果表示,随着迭代次数的增加,误差(损失函数的值)会变得越来越小。但是,即使误差已经小到了零点零零几,最后的输出结果也不能达到期望的[0,1,1,0],而只是接近。

最后,检查文件夹中是否有net.pkl文件,此文件即为训练好的网络。

5.4.3 测试程序

在当前文件夹中再新建一个.py文件,可以命名为test,作为测试程序。在测试程序中,首先要设

置一个输入,在这里没有必要把四种情况都输入然后得到四个结果,我们想要实现的是输入一对值,然后得到这一对值做异或运算的结果。这里给出这一对值的方法与之前一样,也是先用列表表示,然后再转换成FloatTensor类型的变量,代码如下:

```
x = [[0, 1]]                          # 设置输入
x_tensor = torch.tensor(x)            # 转换成Tensor变量
x_tensor = x_tensor.float().cuda()    # 将Tensor变量转换成FloatTensor类型,传入GPU
```

注意:测试程序的开头也需要首先导入torch模块;这里没有用到nn模块,所以不需要导入。

该输入是可变的,输入不同的四种情况会得到对应的四种结果。例如,这里设置的输入为[0,1],如果最后得到的结果是1,就证明程序成功地完成了一次异或运算。

我们需要引入训练好的网络来进行异或运算,因为该网络在保存时采用了保存整体结构的方法,所以在引用时也要直接引入整个网络,代码如下:

```
net = torch.load('net.pkl')           # 加载保存的网络模型
```

这里需要注意的是,之所以将x_tensor传入GPU,是因为保存的网络模型是在GPU中训练的,在引入之后也会采用GPU运行。如果想使用CPU,可以在保存网络之前先把网络传入CPU中,再进行保存。

接下来把这个输入传入网络,获得输出值后再传回CPU。从5.4.2小节的输出结果来看,这里得到的结果一定是一个小数,而且是一个十分接近正确结果的小数,所以此时还需要对结果进行改进,如下:

```
if outfinal > 0.5:                    # 判断输出结果是否大于0.5,决定最终输出
    outfinal = 1
else:
    outfinal = 0
```

如果输出结果大于0.5,即更加接近1,那么就让最终输出结果为1;如果输出结果小于0.5,即更加接近0,那么就让最终输出结果为0。通过简单的if else语句,就可以获得想要的结果,这样也就顺利地解决了这个实际问题。

本小节的完整程序如代码5-4所示。

代码5-4　test程序

```
import torch                          # 导入torch模块

x = [[0, 1]]                          # 设置输入
x_tensor = torch.tensor(x)            # 转换成Tensor变量
x_tensor = x_tensor.float().cuda()    # 将Tensor变量转换成FloatTensor类型,传入GPU
net = torch.load('net.pkl')           # 加载保存的网络模型
out = net(x_tensor)                   # 将输入传入网络得到输出
out = out.cpu()                       # 将输出从GPU传入CPU
outfinal = out.data                   # 取输出的数据
if outfinal > 0.5:                    # 判断输出结果是否大于0.5,决定最终输出
    outfinal = 1
else:
    outfinal = 0
print(f'out={outfinal}')              # 输出最终输出
```

输出结果如下：

```
out=1
```

如果修改设置输出的那部分代码，那么该输出结果也会不同。如果对四种情况都进行了测试且输出结果完全正确，就说明训练的网络已经学会了异或运算。

这里虽然还是用程序实现了异或运算，但并不是通过一些判断语句的堆叠来实现的。虽然直接使用判断语句来判断输入的四种情况然后给出结果可能会更加简单，但那并不能让计算机拥有学习的能力。另外，因为这个小实战所面临的异或运算是一个比较简单的问题，所以神经网络的强大能力还没有展现出来，但是相信读者通过本节的简单却完整的小实战，已经很直观地感受到了神经网络程序在 PyTorch 框架下的完整开发流程。

5.5 小结

本章详细地介绍了 PyTorch 深度学习框架的有关背景内容及安装方法，然后介绍了使用 PyTorch 的基础知识，最后通过一个小实战来总结所有的知识点，并且编写了到目前为止第一个完整的神经网络程序。学完本章后，读者应该能够回答以下问题：

（1）什么是 PyTorch？它有哪些特点？

（2）为什么要使用 PyTorch 搭建神经网络？

（3）如何安装 PyTorch？

（4）如何使用 PyTorch 构建神经网络的输入和输出？

（5）如何对 Tensor 变量进行强制类型转换？

（6）PyTorch 中用来搭建网络层的模块是什么？

（7）如何利用 PyTorch 搭建网络？

（8）PyTorch 中如何定义优化器和损失函数？

（9）PyTorch 中保存和加载网络模型的方法有哪些？它们有什么区别？

第 6 章

Python 搭建神经网络进阶

　　本章将介绍 Python 搭建神经网络的进阶内容，包括一些常用的扩展包及神经网络项目有关的编程方法。在学完本章以后，读者将会具备综合使用各种其他的第三方包来支持神经网络程序开发的能力，这将会让程序开发变得更加高效。

本章主要涉及的知识点

- NumPy 的基本功能与数据类型。
- NumPy 的用法。
- OpenCV 的用法。
- 用 Python 遍历文件夹中文件的方法。
- 构建数据集的方法。
- PyTorch 中卷积神经网络的有关用法。

6.1 NumPy 简介

本节介绍Python中一个比较常用的第三方包——NumPy。NumPy是Python中一个开源的数值计算扩展包,它在数值运算方面的运用要比列表高效得多,并且可以很方便地表示矩阵的结构和运算。

6.1.1 NumPy 的基本功能

NumPy的基本功能如图6.1所示。NumPy可以进行数组的计算及逻辑运算,使用它可以更加方便地创建数组,并且只需要一些简单的接口就可以完成许多种运算。所以,在今后遇到比较复杂的问题时,如果需要创建数组并且需要完成对一些数组的运算,应首选NumPy来实现,而不直接采用列表。

NumPy还可以用来进行傅里叶变换等数学变换的实现,类似于MATLAB中内置的一些关于傅里叶变换的函数,使用起来十分方便高效。

NumPy在神经网络中最常用的功能就是它可以完成许多线性代数有关的操作。使用NumPy,可以方便地创建

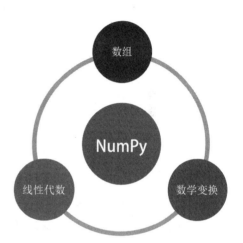

图6.1 NumPy的基本功能

一个矩阵,并且矩阵的基本运算都可以通过简单的接口迅速完成。在生成随机数方面,使用NumPy可以生成服从均匀分布、标准正态分布或在一定范围内及一定规则下的随机数,即可以直接生成一个随机矩阵。同时,使用NumPy还可以随意变换矩阵的尺寸、形状。

6.1.2 NumPy 的数据类型

NumPy中的基本数据类型是多维数组结构Ndarray。Ndarray无论是功能接口还是运算速度都比列表要好得多。Ndarray有着自己的特点,它不像列表中可以存放不同数据类型的数据,Ndarray中必须存放相同类型的数据,并且每个元素所占的内存空间都相同。在Ndarray中,数组的维度信息被存放在shape属性中。当数组超过一维时,就可以将其看成一个多维矩阵;当维度超过二维时,也可以将其看成一个张量。

6.2 NumPy 的使用

在了解了 NumPy 的基本功能和数据类型以后,本节介绍一些典型的 NumPy 使用方法。学习了这些使用方法之后,读者可以尝试用 NumPy 改写 5.4 节中的小实战程序。

6.2.1 安装 NumPy

一般来说,在安装好 Anaconda 之后,NumPy 包即被默认安装。调出命令行界面,使用 conda list 命令查询已经安装的包,如果发现 NumPy 存在,则不需要再安装;如果没有 NumPy,则使用 conda install numpy 命令进行安装即可。

6.2.2 创建数组

数组(Array)是相同元素组成的数据结构,它类似于具有相同元素的列表。当然,相同元素不一定是数字,也可以是字符串或其他数据类型。在 NumPy 中,最常用的数据类型就是数值型数组,创建和操作的方法相比列表来说更加方便。

用 NumPy 创建数组的方法有很多,在神经网络程序的编程中,经常用到的方法有两种:

(1)包装法:array()。

(2)固定形式法:zeros()、ones()、random()。

包装法需要先使用元组或列表创建一个数组,然后直接传入 array()接口中。例如:

```
import numpy as np          # 导入numpy模块

a = [1, 2, 3, 4, 5]         # 用列表创建数组a
b = (1, 2, 3, 4, 5)         # 用元组创建数组b
A = np.array(a)
B = np.array(b)             # 转换成numpy数组
print(A)
print(B)
print(type(A))
print(type(B))
```

输出结果如下:

```
[1 2 3 4 5]
[1 2 3 4 5]
<class 'numpy.ndarray'>
<class 'numpy.ndarray'>
```

注意:在导入 numpy 模块时,为了简单起见,习惯上将 numpy 引用成 np。

从输出结果中可以看出,无论是元组还是列表创建的数组,最后转换成 numpy 数组以后输出结果完全相同。使用type()函数输出了A和B的数据类型,numpy.ndarray就代表numpy数组。

固定形式法可以根据不同的接口直接创建出对应形式的数组,这对于构建某种固定形式的输入或输出来说十分方便。NumPy固定形式创建数组常用接口及作用如表6.1所示。

表6.1 NumPy固定形式创建数组常用接口及作用

接口	作用
zeros()	用于创建零矩阵
ones()	用于创建元素全是1的矩阵
random	用于创建不同类型的随机数矩阵

如果想要创建零矩阵,则直接在zeros()接口中输入形状、数据类型等参数即可。输入不同参数时要用逗号隔开,输入形状参数时要用圆括号括上,形状参数中包括几个参数也就代表了创建的数组是一个几维数组。只输入形状参数就会创建默认格式float的矩阵。

ones()接口的用法与zeros()接口基本相同。例如:

```
import numpy as np                    # 导入numpy模块

A = np.zeros((2, 2), dtype=int)       # 创建二维零矩阵
B = np.ones((2, 2, 2), dtype=float)   # 创建一维零矩阵
print(A)
print(B)
```

输出结果如下:

```
[[0. 0.]
 [0. 0.]]
[[[1. 1.]
  [1. 1.]]

 [[1. 1.]
  [1. 1.]]]
```

如果想要创建随机数矩阵,可以采用random接口。random接口下还有不同的随机数接口,如下:

(1)rand():生成[0,1)范围内的均匀分布随机数矩阵。

(2)randn():生成正态分布随机数矩阵。

(3)random():生成(0,1)范围内的随机浮点数矩阵。

(4)randint():生成一定范围内的随机整数矩阵。

rand()、randn()括号中直接输入形状参数,不需要再添加括号;random()括号中输入的形状参数需要用圆括号括上才能正常使用;randint()的第一个参数和第二个参数代表想要生成的随机整数的范围,后面两个参数分别代表形状和数据类型。例如:

```
import numpy as np                    # 导入numpy模块
```

```
A = np.random.rand(2, 2)              # 生成[0,1]范围内的均匀分布随机数矩阵
B = np.random.randn(2, 2)             # 生成正态分布随机数矩阵
C = np.random.random((2, 2))          # 生成(0,1)范围内的随机浮点数矩阵
D = np.random.randint(1, 5, (2, 2))   # 生成一定范围内的随机整数矩阵
print(A)
print(B)
print(C)
print(D)
```

输出结果如下：

```
[[0.66958185 0.75414793]
 [0.59702676 0.47080519]]
[[-1.06413908  2.2770493 ]
 [ 0.14335596 -1.13258234]]
[[0.75545827 0.90168943]
 [0.81748478 0.41279105]]
[[2 3]
 [3 2]]
```

6.2.3 存储和读取数组

　　由于有时使用 NumPy 构建神经网络的输入集十分方便，因此经常会把构建好的输入集保存下来，在下一次测试时再进行读取使用。在创建好数组以后，可以把数组保存成 NPY、TXT、CSV 等格式。例如：

```
import numpy as np                    # 导入numpy模块

A = [1, 2, 3, 4, 5]                   # 创建列表
A = np.array(A)                       # 转换成numpy数组
np.save('arr_npy.npy', A)             # 存储成 .npy 文件
np.savetxt('arr_txt.txt', A)          # 存储成 .txt 文件
np.savetxt('arr_csv.csv', A)          # 存储成 .csv 文件
```

　　运行上述代码，numpy 数组 A 就被保存成了三个不同类型的文件。如果想要再次加载出这三个文件中的数组，只需再书写相应的加载代码即可：

```
B = np.load('arr_npy.npy')            # 加载 .npy 文件
C = np.loadtxt('arr_txt.txt')         # 加载 .txt 文件
D = np.genfromtxt('arr_csv.csv')      # 加载 .csv 文件
print(A)
print(B)
print(C)
print(D)
```

　　输出结果如下：

```
[1 2 3 4 5]
[1 2 3 4 5]
[1. 2. 3. 4. 5.]
[1. 2. 3. 4. 5.]
```

从输出结果来看,.npy文件与保存之前的数组完全相同;而保存成.txt或.csv文件之后,原来的整数型数组变成了浮点型数组,这是系统的默认操作。在后面的实战中,我们一般使用存储成.npy文件的方式来构建输入集。.csv文件在神经网络程序中也是一种比较常用的数据存储格式,但是在进行一些.csv文件的操作时,往往不使用NumPy,而是使用其他一些专门进行.csv文件操作的扩展包。

6.2.4 索引和切片

索引是一种获取数组元素的方法。获取数组元素还有另一种方法——切片。

切片可以看成索引的一种高级用法,当想要获得一个一维数组中的某个元素时,只需要知道想要获得的这个元素的下标,通过下标来索引即可。索引的格式如下:

数组名[下标]

注意:numpy数组的索引下标起始点是0,即数组中第一个元素的下标是0。

二维数组与一维数组相同,只不过其由两个下标来共同完成索引。例如:

```
import numpy as np                          # 导入numpy模块

A = [[1, 2], [3, 4]]                        # 创建列表
A = np.array(A)                             # 转换成numpy数组
print(A)
print(A[0, 1])                              # 输出第一行第二个元素
```

其中,二维数组的索引有两种写法,还可以写成print(A[0][1]),这种索引写法也可以推广到更高维度的数组。这里的两个下标分别代表行和列,0代表第一行,1代表第二列,所以输出结果如下:

```
[[1 2]
 [3 4]]
2
```

切片与索引类似,使用切片可以一次直接获得更多的元素。顾名思义,切片就是将数组的一部分切下来作为获取元素,如图6.2所示。

图6.2 切片获取数组元素

切片的格式如下:

数组名[开始下标:结束下标:步长]

如果想完成图 6.2 中的切片,可编写如下代码:

```
import numpy as np                       # 导入numpy模块

A = [1, 2, 3, 4, 5, 6, 7]                # 创建一维数组
A = np.array(A)                          # 转换成numpy数组
B = [[1, 2, 3], [4, 5, 6], [7, 8, 9]]    # 创建二维数组
B = np.array(B)                          # 转换成numpy数组
print(A)
print(A[2:5:1])                          # 输出A中下标为2~4的元素
print(B)
print(B[1:3:1, 1:3:1]) # 输出B中第二行中的第二个和第三个元素及第三行中的第二个和第三个元素
```

注意:步长为 1 时可以省略不写,直接写成 A[2:5] 和 B[1:3, 1:3]。

使用切片还有几种特殊的情况,例如,如果想要获取上面代码中 A 的前三个元素,可以省略下标 0,直接写成 A[: 2];如果想要获取 A 的最后三个元素,可以写成 A[4:]。

6.2.5　重塑数组

重塑数组可以重塑数组的形状或维度,如可以将一个二维数组转换成一维数组,如图 6.3 所示,转换之后数组中的元素并不发生变化,但是整体的形状发生变化,即维度发生了变化。

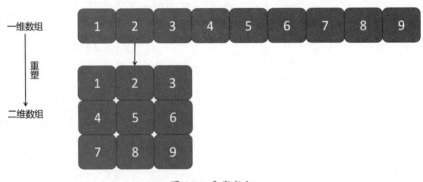

图 6.3　重塑数组

图 6.3 中重塑数组的实现代码如下:

```
import numpy as np                       # 导入numpy模块

A = [1, 2, 3, 4, 5, 6, 7, 8, 9]          # 创建一维数组
A = np.array(A)                          # 转换成numpy数组
print(A)
A = np.reshape(A, (3, 3))                # 重塑数组
print(A)
```

输出结果如下:

```
[1 2 3 4 5 6 7 8 9]
[[1 2 3]
 [4 5 6]
```

```
 [7 8 9]]
```

其中,np.reshape()就是重塑数组的接口,它的第一个参数是要重塑的numpy数组,第二个参数是转换目标的形状参数。利用这样一个简单的接口,可以在神经网络程序中迅速转换数据集的维度。

6.2.6　数组的运算

NumPy还可以进行各种类型的数组运算。首先最简单的一种运算是数组和常数的运算,这种运算遵循Python中的广播机制,如下:

```
import numpy as np                        # 导入numpy模块

A = [[1, 2, 3], [4, 5, 6], [7, 8, 9]]     # 创建二维数组(矩阵)
A = np.array(A)                           # 转换成numpy数组
print(A)
a = A * 2
b = A + 2                                 # 广播机制
print(a)
print(b)
```

输出结果如下:

```
[[1 2 3]
 [4 5 6]
 [7 8 9]]
[[ 2  4  6]
 [ 8 10 12]
 [14 16 18]]
[[ 3  4  5]
 [ 6  7  8]
 [ 9 10 11]]
```

从这个例子中可以直观地感受到广播的含义。一个数组乘2或加上2,其运算结果就是将这个操作广播到数组中的每一个元素,给每个数字都乘2或加上2,这就是广播机制。

当然,NumPy还能进行加减乘除运算,这里的运算并不是矩阵的加减乘除运算,而是两个数组对应位置元素的有关计算。例如:

```
import numpy as np                        # 导入numpy模块

A = [[1, 2, 3], [4, 5, 6], [7, 8, 9]]     # 创建二维数组(矩阵)
A = np.array(A)                           # 转换成numpy数组
B = np.ones((3, 3)) * 2                   # 直接创建3×3、元素全为2的numpy数组
print(A)
print(B)
a = A + B
b = A - B
c = A * B
d = A / B                                 # 加减乘除运算
print(a)
print(b)
print(c)
```

```
print(d)
```

输出结果如下：

```
[[1 2 3]
 [4 5 6]
 [7 8 9]]
[[2. 2. 2.]
 [2. 2. 2.]
 [2. 2. 2.]]
[[ 3.  4.  5.]
 [ 6.  7.  8.]
 [ 9. 10. 11.]]
[[-1.  0.  1.]
 [ 2.  3.  4.]
 [ 5.  6.  7.]]
[[ 2.  4.  6.]
 [ 8. 10. 12.]
 [14. 16. 18.]]
[[0.5 1.  1.5]
 [2.  2.5 3. ]
 [3.5 4.  4.5]]
```

NumPy中还包含许多数学函数的接口，如指数接口np.exp()、对数接口np.log()等；还可以进行倒数和平方等运算，这些运算也都离不开广播机制。例如：

```
import numpy as np                    # 导入numpy模块

A = [[1, 2, 3], [4, 5, 6], [7, 8, 9]]   # 创建二维数组(矩阵)
A = np.array(A)                        # 转换成numpy数组
print(A)
a = A ** 2                             # 平方
b = 1 / A                              # 倒数
c = np.exp(A)                          # 指数
d = np.log(A)                          # 对数
print(a)
print(b)
print(c)
print(d)
```

输出结果如下：

```
[[1 2 3]
 [4 5 6]
 [7 8 9]]
[[ 1  4  9]
 [16 25 36]
 [49 64 81]]
[[1.         0.5        0.33333333]
 [0.25       0.2        0.16666667]
 [0.14285714 0.125      0.11111111]]
```

```
[[2.71828183e+00 7.38905610e+00 2.00855369e+01]
 [5.45981500e+01 1.48413159e+02 4.03428793e+02]
 [1.09663316e+03 2.98095799e+03 8.10308393e+03]]
[[0.          0.69314718 1.09861229]
 [1.38629436 1.60943791 1.79175947]
 [1.94591015 2.07944154 2.19722458]]
```

注意：np.exp(x)、np.log(x)分别表示e^x和$\log(x)$，$\log(x)$相当于$\ln(x)$，是以e为底的x的对数。

NumPy包还支持比较运算，可以比较两个数组的元素。例如：

```
import numpy as np                    # 导入numpy模块

A = [[1, 2, 3], [4, 5, 6], [7, 8, 9]] # 创建二维数组（矩阵）
A = np.array(A)                       # 转换成numpy数组
print(A)
a = A == 1
b = A < 5                             # 比较运算
print(a)
print(b)
```

输出结果如下：

```
[[1 2 3]
 [4 5 6]
 [7 8 9]]
[[ True False False]
 [False False False]
 [False False False]]
[[ True  True  True]
 [ True False False]
 [False False False]]
```

这种比较运算同样也遵循广播机制。

6.3 OpenCV简介

了解了NumPy以后，本节再介绍一种比较常用的第三方库，它是一个开源的跨平台计算机视觉库——OpenCV。

6.3.1 OpenCV概述

OpenCV是一种开源的多平台库，其整体设计符合轻量级，所以可以很方便地移植到一些容量较小的设备中,便于工业开发应用。OpenCV 由一系列 C 函数和少量的 C++ 类构成,是一个基于 C 语言开发的库,但是它的应用却不仅限于 C 语言,它在 Python、Ruby、MATLAB 中都有相应的接口。

OpenCV 强大的图像处理功能结合 PyTorch 的深度学习能力,让 Python 这门编程语言在人工智能领域有了更加强大的力量,且 OpenCV 的有关 GPU 接口也在开发中。所以,要使用 Python 开发神经网络程序,学会使用 OpenCV 非常重要。

6.3.2 OpenCV 的基本功能

OpenCV 的基本功能如图 6.4 所示。OpenCV 包括一个核心功能模块,其中包括与计算机视觉有关的最基本、最核心的功能。OpenCV 就是为计算机视觉而设计的,计算机视觉处理的基本数据是图像,而核心功能中也包括了和图像有关的一些数据结构。

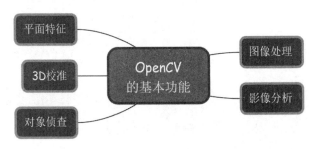

图 6.4　OpenCV 的基本功能

除了核心功能以外,OpenCV 还包括图像处理、影像分析、平面特征、3D 校准、对象侦查等模块。图像处理是有关计算机视觉的神经网络程序中比较常用的一个模块,它集成了一些滤波器、几何图形重塑、色彩空间转换和直方图等图像处理接口,即使我们对于一些滤波器或色彩空间的本质不是特别清楚,也能够很好地运用这些接口进行相应的处理操作,使用起来十分方便。

影像分析模块提供了背景淡化、目标跟踪等算法的接口,目前在医学影像分析方面使用比较广泛。OpenCV 中还集成了特征的分析算法,可以让用户快速提取平面的有关特征。此外,OpenCV 还可以用在图像中对象的侦查上,如在一幅图中找出哪里是水杯,哪里是人脸。OpenCV 还可以对平面或立体摄像机拍下的画面进行 3D 校准,通过一些多视图的几何算法完成 3D 元素的重建。

6.4　OpenCV 的使用

在了解了 OpenCV 的基本功能以后,本节来讨论一些典型的 OpenCV 使用方法。这些方法都是在今后的神经网络程序中有关图像处理方面的常用、简单的方法,读者可以在学习本节内容之后自行进行更复杂的扩展学习。

6.4.1　安装OpenCV

与NumPy一样,一般在安装好Anaconda之后,OpenCV即被默认安装。调出命令行界面,使用conda list命令查询已经安装的包,如果发现OpenCV存在,则不需要再安装;如果没有,则使用conda install numpy命令进行安装即可。

6.4.2　图像读取与显示

在学习使用OpenCV时,最基本的操作就是读取图像。与其他第三方库一样,在使用OpenCV之前需要先导入模块。一般情况下,导入OpenCV的方法如下:

```
import cv2 as cv
```

OpenCV的Python接口的名称为cv2。为了方便使用,把cv2引用成cv。导入模块以后,就可以进行读取图像的操作了。读取图像的接口如下:

```
cv.imread('路径')
```

相应的显示图像的接口如下:

```
cv.imshow('标题', 图像变量)
cv.waitKey(0)
```

路径的书写方法大致分为以下三种情况:

(1)图像与当前的.py文件在同一个文件夹下,即在当前项目的文件夹下,则路径可以直接写成图像的文件名及格式扩展名,如Lena.bmp。

(2)图像与当前的.py文件不在同一文件夹下,而是在当前项目文件夹下的次级文件夹中,则路径可以写成"./+次级文件夹名+文件名",如./image/Lena.bmp。

(3)图像与当前的.py文件不在同一文件夹下,也不在当前项目文件夹下的任何一个文件夹中,则路径必须写完整路径,如E:/python_code/image/Lena.bmp。

书写路径时,Windows操作系统下默认的形式是用"\"来分隔不同层级的文件夹,但是在Python中,"\"有转义字符的功能,所以需要使用"/"来代替。

显示图像时,一定要书写标题部分,否则图像不能正常显示。由于图像在程序中显示的过程特别快,显示之后会立即消失完成运行,所以需要添加代码cv.waitKey(0)来定格显示。cv.waitKey()还有许多其他用法,在后面遇到时再详细说明;如果用不到,读者只需记住这里的用法即可。

读取和显示图像的完整示例如代码6-1所示。

代码6-1　读取和显示图像的完整示例

```
import cv2 as cv                    # 导入cv模块

img = cv.imread('Lena.bmp')         # 读取图像
print(img)                          # 输出图像变量
cv.imshow('image', img)             # 显示图像
cv.waitKey(0)                       # 定格显示
```

显示结果如图6.5所示,输出结果如下:

```
[[[136 136 136]
  [135 135 135]
  [132 132 132]
  ...
  [144 144 144]
  [147 147 147]
  [113 113 113]]
 ...
 [ 70  70  70]
 [ 67  67  67]
 [ 71  71  71]]]
```

图6.5　读取和显示图像

从输出结果中可以看出,图像其实也是一个二维数组,它的每个元素的数据是有范围的,为0~255,在该范围的数据的数据类型被称为uint8类型。在图6.5中,image为显示的标题,单击右上角的"关闭"按钮后程序才算运行完成。

6.4.3　图像缩放

OpenCV中还提供了图像缩放接口,可以方便地进行图像缩放操作。图像缩放的接口如下:

```
cv.resize(原图, 目标图像(大小))
```

该接口形式虽然高度概括了图像缩放接口的所有情况,但是对实践并没有太大的指导意义,所以

下面分情况具体讨论该接口的用法。

当原图为 img 时，假如想要将原图放大到指定的倍数，可以这样写：

```
img1 = cv.resize(img, None, fx=2, fy=2)
```

中间的 None 的位置，应该是目标图像的尺寸参数，但是因为这里采用放大倍数的方法，所以该位置不赋予参数，用 None 占位。参数 fx 和 fy 分别代表将 x 和 y 缩放的倍数，这里的 2 表示放大 2 倍；也可以写小于 1 的倍数，表示缩小图像，但是不能为负数。

也可以将图像放大或缩小到指定大小，这时则需要第二个参数。例如：

```
img2 = cv.resize(img, (500, 500))
```

无论原图的尺寸大小如何，最后转换出来的 img2 的大小都为 500 × 500。

深入思考，程序或者说计算机是怎样完成图像缩放的呢？其实，图像缩放的有关知识涉及一门专业课——数字图像处理，其中最简单、最基础的图像缩放方法就是采样和插值。

我们都知道，数字图像可以看成由像素组成的二维矩阵，想要缩小一幅图像时，只需将一幅图像的部分像素提取出来即可。例如，每隔一个像素提取一个值，作为新的图像，这个新的图像就会相较原来图像的尺寸缩小一半。想要放大图像时，只需对原图进行插值操作即可。插值是一个多方法的操作，常用插值方法如表 6.2 所示。

表6.2　常用插值方法

OpenCV中相应的接口	插值方法
cv.INTER_NEAREST	最邻近插值法
cv.INTER_LINEAR	双线性插值法（默认）
cv.INTER_AREA	像素区域关系重采样法
cv.INTER_CUBIC	4 × 4 像素邻域的双三次线性插值法
cv.INTER_LANCZOS4	8 × 8 像素邻域的 Lanczos 插值法

这些插值方法的具体内容已经超越了本书的范畴，所以这里不讨论这些方法的操作细节，有兴趣的读者可以自行翻阅数字图像处理有关书籍。

表 6.2 中的接口在使用时需要赋值给 cv.resize 接口中的 interpolation 参数。例如：

```
img3 = cv.resize(img, None, fx=2, fy=2, interpolation=cv.INTER_CUBIC)
img4 = cv.resize(img, (500, 500), interpolation=cv.INTER_AREA)
```

6.4.4　色彩空间转换

在完成某些数字图像处理任务时，常常需要对图像的色彩空间进行转换。色彩空间就是一种表示颜色的多维空间坐标系统。计算机里最常见的数字图像采用的都是 RGB 色彩空间，用 R、G、B 三个坐标来表示一种颜色。如果只用一维空间来表示颜色，那就是灰度图像。

本小节着重介绍使用OpenCV进行图像色彩空间转换的方法，而不讨论色彩空间转换过程中的细节。OpenCV中，图像色彩空间转换的接口如下：

`cv.cvtColor(原图，色彩空间转换接口)`

常用色彩空间转换接口如表6.3所示，其中比较常用的就是将RGB图像转换成灰度图像，其接口可以写成BGR2GRAY，也可以写成RGB2GRAY。这里需要介绍cv.imread接口的一个性质，在它读取RGB图像时，它会默认将R、G、B三个通道按照B、G、R的顺序进行读取，所以通过OpenCV读取的图像的色彩空间实际上是BGR，如图6.6所示。

表6.3 常用色彩空间转换接口

OpenCV中相应的接口	功能
cv.COLOR_BGR2GRAY	将图像由BGR空间转换到GRAY空间，即将彩色图像转化成灰度图像
cv.COLOR_BGR2HSV	将图像由BGR空间转换到HSV空间
cv.COLOR_BGR2HLS	将图像由BGR空间转换到HLS空间
cv.COLOR_BGR2YCrCb	将图像由BGR空间转换到YCrCb空间
cv.COLOR_BGR2RGB	将图像由BGR空间转换到RGB空间

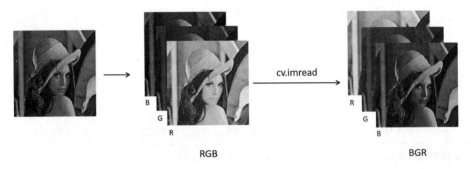

图6.6 cv.imread接口默认的色彩空间

色彩空间转换示例如代码6-2所示。

代码6-2 色彩空间转换示例

```
import cv2 as cv                                    # 导入cv模块

img = cv.imread('Lena-24.bmp')                      # 读取图像
img_gray = cv.cvtColor(img, cv.COLOR_BGR2GRAY)      # RGB图像转换成灰度图像
img_hls = cv.cvtColor(img, cv.COLOR_BGR2HLS)        # RGB图像转换成HLS图像
cv.imshow('image', img)                             # 显示原图
cv.imshow('gray', img_gray)                         # 显示灰度图像
cv.imshow('HLS', img_hls)                           # 显示HLS图像
cv.waitKey(0)                                       # 定格显示
```

代码6-2的运行结果如图6.7所示。

图6.7　代码6-2的运行结果

6.4.5　直方图均衡化

直方图均衡化属于数字图像处理中的一种预处理操作,它带来的直接效果是图像亮度的提升,并且有利于边缘识别等处理。

在OpenCV中进行直方图均衡化的方法非常简单,只需要书写下面的接口即可:

```
cv.equalizeHist(灰度图像)
```

这里需要注意的是,直方图均衡化接口必须传入灰度图像,如果是彩色图像,应该采用颜色空间转换的方法转换成灰度图像后再进行直方图均衡化,或者直接将每一个颜色通道进行直方图均衡化,示例如代码6-3所示。

代码6-3　直方图均衡化示例

```python
import cv2 as cv                                    # 导入cv模块

img = cv.imread('Lena-24.bmp')                      # 读取图像
cv.imshow('image', img)                             # 显示原图

# 转换成灰度图像进行直方图均衡化
img_gray = cv.cvtColor(img, cv.COLOR_BGR2GRAY)      # RGB图像转换成灰度图像
img_gray_equal = cv.equalizeHist(img_gray)          # 对灰度图像进行直方图均衡化
cv.imshow('gray', img_gray)                         # 显示灰度图像
cv.imshow('gray_equal', img_gray_equal)             # 显示均衡化结果

# 直接对每个通道进行直方图均衡化
B = img[:, :, 0]                                    # B通道
G = img[:, :, 1]                                    # G通道
R = img[:, :, 2]                                    # R通道
```

```
img[:, :, 0] = cv.equalizeHist(B)                 # B通道进行直方图均衡化
img[:, :, 1] = cv.equalizeHist(G)                 # G通道进行直方图均衡化
img[:, :, 2] = cv.equalizeHist(R)                 # R通道进行直方图均衡化
cv.imshow('image_equal', img)                     # 显示原图直方图均衡化结果
cv.waitKey(0)                                      # 定格显示
```

注意：访问图像通道的方法与访问多维数组的方法完全一致，也使用下标来进行访问，这里采用了切片的方法。

代码6-3的运行结果如图6.8所示。

图6.8　代码6-3的运行结果

6.4.6　图像保存

当利用OpenCV处理完图像以后，最后一步一般是保存处理过的图像。保存图像的接口如下：

`cv.imwrite('保存图像的目标路径及文件名称和格式', 图像变量)`

引号中的路径内容与6.4.2小节介绍的路径的书写方法完全一致，但需要在最后添加保存名称和想要保存的格式。例如，想要保存成位图或JPEG格式：

```
cv.imwrite('目标路径/文件名.bmp', 图像变量)          # 保存成位图
cv.imwrite('目标路径/文件名.jpg', 图像变量)          # 保存成JPEG
```

图像保存示例如代码6-4所示,分别将读取到的Lena彩色图像的三个通道保存下来,并且保存Lena图像转换成YCrCb空间的YCrCb图像。最终运行完成以后,会在当前文件夹下发现这四个新的图像,这里都将其保存成位图,如图6.9所示。

代码6-4　图像保存示例

```python
import cv2 as cv                                    # 导入cv模块

img = cv.imread('Lena-24.bmp')                       # 读取图像

# Lena图像三个通道分别保存为位图
B = img[:, :, 0]                                     # B通道
cv.imwrite('B.bmp', B)                               # 保存B通道
G = img[:, :, 1]                                     # G通道
cv.imwrite('G.bmp', G)                               # 保存G通道
R = img[:, :, 2]                                     # R通道
cv.imwrite('R.bmp', R)                               # 保存R通道

# 转换到YCrCb空间再保存为位图
img_YCrCb = cv.cvtColor(img, cv.COLOR_RGB2YCrCb)     # 转换到YCrCb空间
cv.imwrite('YCrCb.bmp', img_YCrCb)                   # 保存图像
```

图6.9　保存图像的结果

6.5 文件夹中文件的遍历

当拿到一个很大的样本时,通常需要先对样本进行遍历读取,然后再进行相关操作。所以,对文件夹中文件的遍历是构建样本集时十分重要的操作。本节即讨论在Python中如何进行文件夹中文件的遍历及与之相关的一些文件操作。

6.5.1 OS模块简介

Python中内置的OS模块包含普遍的操作系统功能,并且可以在不同的操作平台上完成最简单普遍的文件操作。

OS模块的引用方法如下:

```
import os
```

注意:引用OS模块时要用小写os。

该模块一般不需要额外安装,直接引用即可。

6.5.2 path模块

path模块是OS模块中一个比较常用的接口,它可以完成一些文件路径的操作。path模块中的常用接口及功能如表6.4所示,其中exists()接口是path模块中一个比较常用的接口。例如,如果想要检验文件夹中的文件是否存在,可以这样写:

```
os.path.exists('文件路径')
```

exists()接口会返回一个布尔类型的值,如果文件存在,则返回True;如果文件不存在,则返回False。再搭配if语句,就可以完成对文件是否存在的判断。

表6.4 path模块中的常用接口及功能

接口	功能
os.path.exists()	判断文件是否存在
os.path.join()	将路径名和文件名合成完整路径
os.path.abspath()	返回文件的绝对路径(不进行搜索,仅仅将当前文件的文件名添加到文件所在路径之后)
os.path.basename()	返回路径名最后的部分(最后一个"/"后面的部分)
os.path.isfile()	检查路径是否指向文件
os.path.isdir()	检查路径是否为目录

path模块中另一个比较常用的接口是join()接口,它可以将路径名和文件名合成一个完整的路径。例如:

```
import os                              # 导入OS模块

path = './image/'                      # 定义路径
file = 'Lena.bmp'                      # 定义文件名
path = os.path.join(path, file)        # 拼接路径和文件名
print(path)                            # 输出拼接结果
```

输出结果如下:

```
./image/Lena.bmp
```

path模块中的其他接口在开发神经网络程序时不太常用,有兴趣的读者可以自行实践。

6.5.3 删除文件

OS包中还提供了删除文件的接口,如下:

```
os.remove(路径)
```

直接将文件的路径传入remove()函数中,即可完成文件的删除操作,但前提是文件必须存在。所以,删除操作总是与判断文件是否存在的语句配合使用。例如:

```
import os                       # 导入OS模块

path = './Lena-copy.bmp'        # 文件的路径
if os.path.exists(path):        # 判断文件是否存在
    os.remove(path)             # 如果存在,就删除文件
```

上述代码的运行结果是文件Lena-copy.bmp被删除,添加if语句判断文件是否存在可以避免文件不存在时程序运行报错。

6.5.4 创建文件夹

在构建数据集时,有时需要将不同的数据归入不同的文件夹中,如果手动新建文件夹,构建数据集的过程将会十分漫长。例如,想要构建一个手写的数据集,首先要收集0~9这10个数字的手写图像,每个数字有100个样本,即总共有1000个样本,然后必须把这1000个样本分别放在0~9对应的文件夹中,这时虽然可以选择手动创建文件夹,但利用程序自动创建文件夹会更加方便。

创建文件夹的接口如下:

```
os.makedirs(路径)              # 创建多级文件夹
os.mkdir(路径)                 # 创建文件夹
```

这两个接口的区别在于,makedirs()可以创建多级路径下的一个文件夹,即它可以创建整个路径。例如:

```
import os                       # 导入OS模块

path = './sample/number/1'      # 多级路径
os.makedirs(path)               # 创建多级路径
```

上述代码的运行结果是在当前的文件夹下,一个新的多级路径被创建,如图6.10所示。

图6.10　创建多级文件夹的结果

mkdir()只是在当前目录下创建一个文件夹。例如:

```
import os                          # 导入OS模块

path = './sample2'                 # 当前路径下添加sample2文件夹
os.mkdir(path)                     # 创建文件夹
```

上述代码的运行结果是在当前的目录下新建一个文件夹。文件夹能创建成功的前提是当前目录是存在的，如果运行如下代码将会报错：

```
import os                          # 导入OS模块

path = './sample3/number'          # 多级路径
os.mkdir(path)                     # 创建多级路径
```

报错结果如下：

```
FileNotFoundError: [WinError 3] 系统找不到指定的路径。: './sample3/number'
```

也就是说，mkdir()接口创建文件夹的前提是父目录必须存在；而makedirs()在创建文件夹时，即使父目录不存在，也能创建成功。

6.5.5 文件遍历

要想对一个文件夹中的文件进行前面所讨论过的操作，就必须要先确认文件夹中有哪些文件，这时就需要有关文件遍历的接口来读取出所有的文件信息。读取完整文件目录的接口如下：

```
os.listdir(路径)
```

该接口会返回在该路径下的所有文件的文件名和格式。假如现在有一个图6.11所示的文件夹（样本集），则可以使用如下代码来读取出所有文件的文件名和格式：

```
import os                          # 导入OS模块

path = './General-100'             # 目标路径
filenames = os.listdir(path)       # 遍历文件名和格式
print(filenames)
```

输出结果如下：

```
['im_1.bmp', 'im_10.bmp', 'im_100.bmp', 'im_11.bmp', 'im_12.bmp', 'im_13.bmp',
 'im_14.bmp', ...]
```

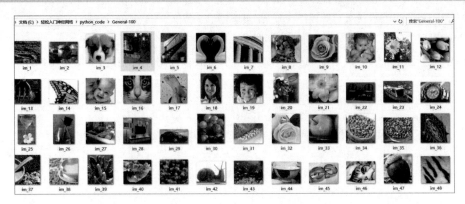

图6.11　General-100数据集

细心的读者可能会发现,该结果的顺序比较奇怪,它并不是按照文件夹中文件的排列顺序来排列的。实际上,通过listdir()接口读取的文件名会按照哈希表的顺序排列在一个列表中。当然,也可以通过一些算法使这些文件夹的名称按照某些关键字进行排序,如这里希望它能够按照文件名中的数字进行排序。

那么,应该如何排序呢?如果文件名直接由数字组成,则可以使用列表的排序方法直接排序,sort()接口就是列表排序中一个比较方便的函数。例如:

```python
a = [2, 5, 3, 1, 4, 6]          # 数字列表
print(a)
a.sort()                        # 排序
print(a)
```

输出结果如下:

```
[2, 5, 3, 1, 4, 6]
[1, 2, 3, 4, 5, 6]
```

注意:当列表元素不是数字时,需要先进行强制类型转换,转换成整型后再进行排序。

如果文件名是字母和数字的混合,就需要再根据具体的问题来书写具体的算法。例如,面对图6.11所示的数据集时,可以用代码6-5所示的算法对文件名进行排序。

代码6-5　General-100数据集读取文件名排序算法

```python
import os                      # 导入OS模块

path = './General-100'         # 目标路径
filenames = os.listdir(path)   # 遍历文件名和格式
number = [''] * 100            # 新建长度为100的空列表number来存储文件名中出现的数字
for i in range(100):           # 提取出数字的for循环
    length = len(filenames[i]) # 文件名长度
    # 根据文件名长度不同来提取数字
    # 长度为8代表有一位数字,长度为9代表有两位数字,长度为10代表有三位数字
    if length == 8:
        number[i] = filenames[i][3]
    if length == 9:
        number[i] = f'{filenames[i][3]}{filenames[i][4]}'
    if length == 10:
        number[i] = f'{filenames[i][3]}{filenames[i][4]}{filenames[i][5]}'
print(number)
print(filenames)
new_filenames = [''] * 100     # 新建长度为100的空列表number来存储排序后的文件名
for j in range(100):           # 排序,将元素放在数字对应的位置上
    new_filenames[int(number[j])-1] = filenames[j]
print(new_filenames)
```

输出结果如下:

```
['1', '10', '100', '11', '12', '13', '14', ...]
['im_1.bmp', 'im_10.bmp', 'im_100.bmp', 'im_11.bmp', 'im_12.bmp', 'im_13.bmp',
 'im_14.bmp', ...]
```

```
['im_1.bmp', 'im_2.bmp', 'im_3.bmp', 'im_4.bmp', 'im_5.bmp', 'im_6.bmp',
 'im_7.bmp', 'im_8.bmp', 'im_9.bmp', 'im_10.bmp', 'im_11.bmp', 'im_12.bmp',
 'im_13.bmp', 'im_14.bmp', ...]
```

该排序算法并不是唯一的,读者可以根据自己的思路进行其他尝试。完成了对文件名的排序之后,就可以轻松地遍历文件夹中的任何文件。

6.6 构建和读取数据集

本节介绍一个构建数据集的具体实例,通过对NumPy和OpenCV的灵活运用,可以很快地构建出想要的数据集。

6.6.1 构建数据集

假设有一个样本集General-100,如图6.11所示,现在要对它进行训练集和测试集的构建。由3.3节可知,我们可以选择将其中的70张图像作为训练集,在训练某个神经网络时将这70张图像作为输入;剩下的30张图像作为测试集,在训练完成后将这30张图像输入网络测试性能。这里要提前明确的一点是,网络结构一旦确定,输入节点的个数也会确定。所以,在构建数据集时,需要将不同尺寸的图像统一成尺寸相同的图像,保证每一个样本的像素个数相等,这样才可以输入统一的网络中。要完成这个操作并不困难,运用本节之前的内容完全可以实现。

我们的思路是构建多维矩阵来存储图像数据,所以第一步就是构建空矩阵,即零矩阵。例如:

```
train_set = np.zeros(int(m*0.7) * l_x * l_x)            # 创建零矩阵
train_set = np.reshape(train_set, (int(m*0.7), 1, l_x, l_x))# 重塑成可以存储图像的形状
test_set = np.zeros(int(m*0.3) * l_x * l_x)             # 创建零矩阵
test_set = np.reshape(test_set, (int(m*0.3), 1, l_x, l_x)) # 重塑成可以存储图像的形状
```

首先利用NumPy包创建零矩阵;然后利用reshape()接口重塑矩阵形状,将一个一维矩阵重塑成四维矩阵。第一维度代表样本总数;第二维度代表通道数,这里选择构建灰度图像的数据集,所以通道数为1;第三、四维度分别代表图像的长和宽,这里采用长和宽相等的规定来进行构建。这四个维度对应的四个参数必须为整数,所以在根据百分比选取训练集和测试集在样本数量 m 中的占比时,需要进行强制类型转换。

为了检验最后所有的样本集有没有构建成功,可以添加一个标记。例如:

```
sucess_mark = 0
```

当构建成功一个样本集时,就给该标记加一。如果最后该标记与样本数量 m 相等,则说明样本集

全部构建成功,可以进行保存操作。

构建训练集时,需要遍历文件夹中的前70个图像,所以for循环可以用range()函数写成如下形式:

```
for i in range(int(m*0.7)):
    path = f'./General-100/im_{i+1}.bmp'                    # 路径
    if os.path.exists(path):                               # 判断路径是否存在
        # 读取图像并转换成灰度图
        img = cv.cvtColor(cv.imread(path), cv.COLOR_BGR2GRAY)
        # 动态显示进度
        print("\r" + f'训练集总数:{int(m*0.7)},当前第{i+1}个', end="", flush=True)
        img = cv.resize(img, (l_x, l_x))                   # 将图像调整到规定尺寸
        train_set[i, 0, :, :] = img[:, :]                  # 赋值给训练集矩阵
        sucess_mark += 1                                   # 成功标记加一
    else:                                                  # 路径不存在的情况
        print(f'路径{path}不存在! ')
        break                                              # 报错之后直接跳出循环
```

提前构建好路径变量时,使用f格式可以让路径动态变化,上述for循环的i是从0到69变化的,所以在路径中要写上i+1才能与真实的文件名对应。在读取图像之前,最好提前判断路径是否存在,如果不存在就报错,直接跳出循环。读取图像时采用OpenCV中的imread()接口,同时采用cvtColor()接口将彩色图像转换成灰度图。采用动态显示方法来显示进度,由于程序比较简单,程序运行速度快,因此在运行过程中不能看到中间进度。每个图像赋值给矩阵时要进行尺寸的调整,这里直接采用OpenCV中的resize()接口进行调整,赋值成功后给成功标记加一。

构建测试集的方法与训练集没有太大区别,只是需要调整一些细节参数,如下:

```
for i in range(int(m*0.7), m):
    path = f'./General-100/im_{i+1}.bmp'
    if os.path.exists(path):
        img = cv.cvtColor(cv.imread(path), cv.COLOR_BGR2GRAY)
        print("\r" + f'测试集总数:{int(m*0.3)},当前第{i-69}个', end="", flush=True)
        img = cv.resize(img, (l_x, l_x))
        test_set[i-70, 0, :, :] = img[:, :]               # 赋值给测试集矩阵
        sucess_mark += 1
else:
        print(f'路径{path}不存在! ')
        break
```

这里在调用range()函数时要注意,i的范围变成了70~99,所以要想遍历后30个图像,就需要在动态路径中写成i+1才能对应真实的文件名。这步构建如果完成,成功标记将会变为100。

运行完上面两个循环以后,General-100数据集中的所有图像就会全都存入train_set和test_set中。最后需要保存这两个数据集,保存方法在6.4.6小节中也已经讨论过,如下:

```
if sucess_mark == m:                                       # 如果成功标记个数为样本总数,则保存两个数据集
    np.save('train_set.npy', train_set)
    np.save('test_set.npy', test_set)
```

本小节的完整程序如代码6-6所示。

代码6-6　利用General-100构建某个网络的数据集

```python
import cv2 as cv                                           # 导入OpenCV模块
import numpy as np                                         # 导入numpy模块
import os                                                  # 导入OS模块


if __name__ == '__main__':
    # 输入x的长宽
    l_x = 300

    # 样本数量
    m = 100
    train_set = np.zeros(int(m*0.7) * l_x * l_x)           # 创建零矩阵
    train_set = np.reshape(train_set, (int(m*0.7), 1, l_x, l_x))
                                                           # 重塑成可以存储图像的形状
    test_set = np.zeros(int(m*0.3) * l_x * l_x)            # 创建零矩阵
    test_set = np.reshape(test_set, (int(m*0.3), 1, l_x, l_x))
                                                           # 重塑成可以存储图像的形状
    sucess_mark = 0                                        # 成功标记

    # 构建训练集
    for i in range(int(m*0.7)):
        path = f'./General-100/im_{i+1}.bmp'               # 路径
        if os.path.exists(path):                           # 判断路径是否存在
            # 读取图像并转换成灰度图
            img = cv.cvtColor(cv.imread(path), cv.COLOR_BGR2GRAY)
            # 动态显示进度
            print("\r" + f'训练集总数:{int(m*0.7)},当前第{i+1}个', end="", flush=True)
            img = cv.resize(img, (l_x, l_x))               # 将图像调整到规定尺寸
            train_set[i, 0, :, :] = img[:, :]              # 赋值给训练集矩阵
            sucess_mark += 1                               # 成功标记加一
        else:                                              # 路径不存在的情况
            print(f'路径{path}不存在! ')
            break                                          # 报错之后直接跳出循环
    print('')                                              # 换行格式

    # 构建测试集
    for i in range(int(m*0.7), m):
        path = f'./General-100/im_{i+1}.bmp'
        if os.path.exists(path):
            img = cv.cvtColor(cv.imread(path), cv.COLOR_BGR2GRAY)
            print("\r" + f'测试集总数:{int(m*0.3)},当前第{i-69}个', end="", flush=True)
            img = cv.resize(img, (l_x, l_x))
            test_set[i-70, 0, :, :] = img[:, :]            # 赋值给测试集矩阵
            sucess_mark += 1
        else:
            print(f'路径{path}不存在! ')
            break
    print('')
    if sucess_mark == m:                                   # 如果成功标记个数为样本总数,则保存两个数据集
        np.save('train_set.npy', train_set)
        np.save('test_set.npy', test_set)
        print('生成成功! ')
```

注意:为了使程序标准化,代码6-6中添加了主函数的接口。同时,判断路径是否存在也是一种比

较标准化的写法,这样写会防止运行报错。如果读者在其他程序中遇到类似的用法,一定要多注意。

上述代码运行结束以后,会在当前的文件夹下出现两个文件,分别储存训练集和测试集。

6.6.2　读取数据集

本小节测试6.6.1小节存储的两个数据集能否正确读取出来。首先制定一个目标,即把训练集的第30个图像和测试集的第10个图像读取出来并显示,对应原数据集中的是im_30.bmp和im_80.bmp。

首先导入所需模块,然后再通过读取数组的接口读取训练集和测试集,如下:

```
import numpy as np                        # 导入numpy模块

train_set = np.load('train_set.npy')      # 读取训练集
test_set = np.load('test_set.npy')        # 读取测试集
```

上述程序运行完毕,即可成功读取两个数据集。接下来显示图像。要想精确定位每个数据集中的图像,只需要弄清楚它们对应的下标即可。这里构建的数组是一个四维数组,四个参数的含义前面已经介绍过,只有第一个参数可以决定样本。所以,显示图像的代码如下:

```
img1 = train_set[29, 0, :, :]            # 训练集第30个图像
img2 = test_set[9, 0, :, :]              # 测试集第10个图像
img1 = img1.astype(np.uint8)
img2 = img2.astype(np.uint8)             # 由float型转换成uint8
cv.imshow('im_30.bmp', img1)
cv.imshow('im_80.bmp', img2)             # 显示图像
cv.waitKey(0)
```

这里添加了numpy数组强制类型转换代码,astype()接口的作用是将numpy数组转换成相应的类型。原来保存在数组里的每个元素都是浮点型的,如果直接使用cv模块的imshow()接口进行图像显示会产生错误,所以在显示图像之前要先把每个元素都转换成uint8类型,即无符号八位整型,它是图像元素的专用格式。

本小节的完整程序如代码6-7所示,运行结果如图6.12所示。

代码6-7　读取数据集测试

```
import cv2 as cv                          # 导入OpenCV模块
import numpy as np                        # 导入numpy模块

train_set = np.load('train_set.npy')      # 读取训练集
test_set = np.load('test_set.npy')        # 读取测试集
img1 = train_set[29, 0, :, :]            # 训练集第30个图像
img2 = test_set[9, 0, :, :]              # 测试集第10个图像
img1 = img1.astype(np.uint8)
img2 = img2.astype(np.uint8)             # 由float型转换成uint8
cv.imshow('im_30.bmp', img1)
cv.imshow('im_80.bmp', img2)             # 显示图像
cv.waitKey(0)
```

图6.12 代码6-7的运行结果

这两张图像就是对应的 General-100 数据集中的两张图像,只不过变成了同样的尺寸且经过了灰度化处理。这说明完全可以利用 train_set 和 test_set 这两个文件来进行训练和测试,不用再遍历原来的文件夹,反复使用十分方便。

 6.7 **PyTorch 中卷积神经网络有关的接口**

本节来讨论两个在 PyTorch 中有关卷积神经网络的接口,了解这两个接口对于后面构建卷积神经网络十分有帮助。

6.7.1 卷积层接口

在 PyTorch 中,卷积神经网络也是依靠 nn 模块来搭建网络结构的。其中,卷积层的接口如下:

```
nn.Conv2d(in_channels, out_channels, kernel_size, stride, padding, bias)
```

该接口中有六个参数,而 Conv2d 进行的卷积操作即 2.8 节介绍的卷积操作。in_channels 代表该卷积层输入的个数。out_channels 代表该卷积层输出的个数。kernel_size 代表该卷积层的卷积核尺寸,如 kernel_size = 3 就代表卷积核尺寸为 3 × 3。stride 代表进行卷积的步长。padding 代表进行卷积时所填充的边界尺寸。bias 代表是否存在偏置值,如果将它设置为 bias = True,则代表该卷积层含有偏置值;如果设置为 bias = False,则没有偏置值。即使设置了有偏置值,编程者也不用担心偏置值的有关操作,因为 PyTorch 会自动完成许多运算。

经过卷积层的图像最后输出的尺寸与各参数的关系如式(6.1)所示,该公式是在 2.8 节所讲内容的基础上推导出来的。

$$o = \frac{(i - f + 2p)}{s} + 1 \qquad (6.1)$$

式中，f 和 s 分别为卷积核的尺寸和步长；p 为填充的边界尺寸；i 为输入图像的尺寸；o 为输出图像的尺寸。

利用式(6.1)可以确定最后输出图像的尺寸。

该接口中的每个参数有两种写法，既可以直接写数字，又可以写成赋值形式。例如：

```
nn.Conv2d(in_channels=1, out_channels=16, kernel_size=3, stride=1, padding=1, bias=False)
nn.Conv2d(1, 16, 3, 1, 1, False)
```

上面这两行代码代表的意思完全相同，第二种写法的好处在于比较精简，但是不容易让人读懂具体的含义；第一种写法虽然麻烦，但每个参数对应的意思都十分清楚，因此这里比较推荐读者采用这种写法。

注意：Conv2d()接口中的每个参数虽然有两种写法，但并不可以将两种写法混合使用，如 nn.Conv2d(in_channels=1, 16, 3, stride=1, padding=1, bias=False)就会报错。

6.7.2 反卷积层接口

反卷积层接口对应的是一种反卷积的操作。本小节不详细介绍反卷积，读者只需知道反卷积是一种类似卷积的卷积过程即可，但其并不是卷积的逆过程。进行卷积操作之后的图像尺寸会变小或不变，而进行反卷积操作之后的图像尺寸会变大或不变，这里只将反卷积作为一种扩大图像特征的方法来进行学习即可。

反卷积接口中的参数与卷积层的参数基本相同，格式如下：

```
nn.ConvTranspose2d(in_channels, out_channels, kernel_size, stride, padding,
                   out put_padding, bias)
```

反卷积的输出图像尺寸的计算公式如下：

$$o = s(i - 1) - 2p + f \qquad (6.2)$$

6.8 小结

本章详细讲述了有关神经网络的一些进阶知识，从 NumPy 到 OpenCV 的使用，从文件的遍历再到数据集的构建，这些进阶内容会让读者在编写稍微复杂的神经网络程序时十分轻松。学完本章后，读者应该能够回答以下问题：

（1）什么是 NumPy？

（2）如何使用 NumPy 创建数组？

（3）如何保存 numpy 数组？

（4）索引和切片有什么作用？怎样使用？

（5）什么是 OpenCV？

（6）如何读取和显示图像？

（7）如何进行图像缩放？

（8）如何进行图像的色彩空间转换？

（9）在 Python 中进行文件的有关操作用到哪个模块？

（10）如何遍历文件夹中所有的文件？

（11）卷积层和反卷积层如何构建？

第 7 章

实战1：回归问题和分类问题

    前面已经介绍了许多有关神经网络编程的知识，本章将进行一次比较完整的实战。这次实战的内容是解决一个回归问题和分类问题，在正式实战开始之前还会介绍一些在 Python 中的绘图方法，让你的程序锦上添花。

本章主要涉及的知识点

- ◆ Python 中绘图的基本方法。
- ◆ 解决回归问题的方法。
- ◆ 解决分类问题的方法。

7.1 Python 中绘图方法简介

在编写神经网络程序时,我们总是会面对许多数据,这些数据虽然可以用表格形式来展示,但是这样的结果远不如图像更加直观。为了能够更好地展现与神经网络程序有关的数据或结果,本节将介绍一种在 Python 中绘图非常方便的方法。

7.1.1 Matplotlib 简介

Matplotlib 是 Python 中一个非常强大的绘图模块,它可以绘制出各种各样的图,包括散点图、曲线图、等高线图、条形图、柱状图、3D 图等。图 7.1 所示是一个用 Matplotlib 绘制的散点图。

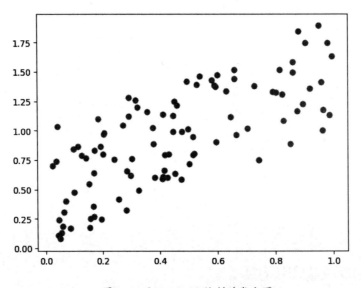

图 7.1 用 Matplotlib 绘制的散点图

7.1.2 安装 Matplotlib

与第三方库类似,Matplotlib 在一般情况下也已经默认安装到集成环境中。如果在命令行界面中输入 conda list 命令来查看 Anaconda 集成的所有安装包,会发现可能根本找不到 Matplotlib;但是如果输入 pip list 命令来查看所有 pip 下集成的安装包,则会发现 Matplotlib 就在其中,这代表不用再安装 Matplotlib,可以直接使用。

读者可能会困惑，pip究竟是什么？其实，pip和Anaconda一样，也是一个Python的第三方包的管理工具，但本书前面并没有讲解过安装pip的流程，那么为什么可以直接使用pip命令呢？其实，在安装Anaconda时就已经集成了Python 3.7，即Python解释器，而pip工具正是集成在Python解释器中的，可以理解为在安装Python的同时也安装了pip工具。

如果通过pip list命令仍然找不到Matplotlib，并且在PyCharm中引用Matplotlib时也会报错，那就说明计算机可能因为某种原因而没有安装上Matplotlib。此时可以使用如下指令进行安装：

```
pip install matplotlib
```

7.1.3　散点图绘制

本小节介绍的Matplotlib的基本使用，主要使用的是其中的pyplot接口，所以在导入模块时最好书写如下简化引入代码：

```
import matplotlib.pyplot as plt
```

这样在后面的代码中，即可直接使用plt接口来进行相关操作。

散点图是由一些独立的点构成的坐标图，知道每个点的坐标后，就可以在坐标轴上进行绘制。在Matplotlib中，散点图的绘制会用到scatter()接口，格式如下：

```
plt.scatter(x, y)
```

scatter()接口的输入有两个参数x和y，分别代表横纵坐标的集合。x和y必须是维度相同的数组，每一个x都对应相应位置的y，也就对应相应位置上的一个点。但是，只使用该接口还不够，必须在后面再加上如下代码：

```
plt.show()
```

这行代码的作用类似于OpenCV显示图像中的cv.waitKey(0)的作用，使散点图绘制完能够定格显示。如果没有这行代码，绘制的图像就会一闪而过，随着程序运行的结束而消失。不只是散点图的绘制，在绘制其他图时也需要添加这行代码来保证最后图像的显示。例如：

```
import matplotlib.pyplot as plt    # 导入matplotlib模块并简化
x = [1, 2, 3]                      # 设置每个点的x坐标
y = [1, 2, 3]                      # 设置每个点的y坐标
plt.scatter(x, y)                  # 显示散点图
plt.show()                         # 定格显示
```

上述代码绘制的是三个点(1, 1)、(2, 2)、(3, 3)的散点图，运行结果如图7.2所示。

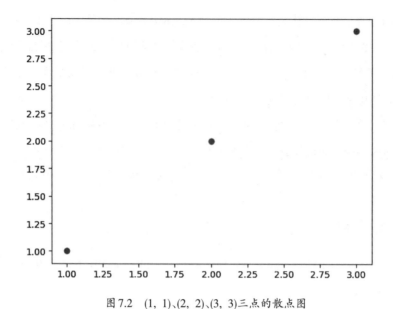

图 7.2   (1，1)、(2，2)、(3，3)三点的散点图

绘制散点图时，每个点的颜色、样式都可以更改。在 PyCharm 中使用 scatter()接口时，可将鼠标指针悬停，查看 scatter 的其他参数，如图 7.3 所示。

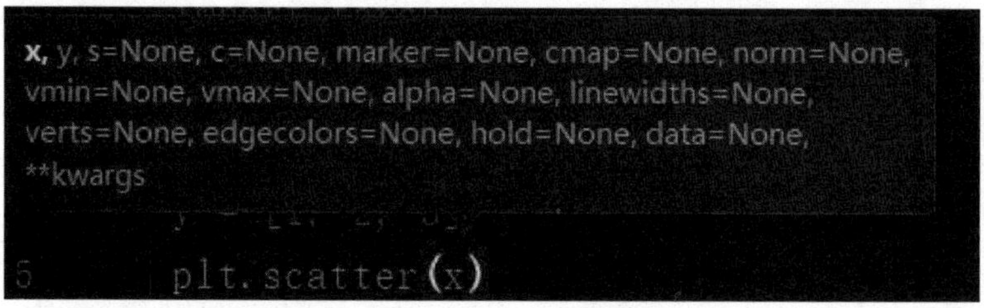

```
x, y, s=None, c=None, marker=None, cmap=None, norm=None,
vmin=None, vmax=None, alpha=None, linewidths=None,
verts=None, edgecolors=None, hold=None, data=None,
**kwargs
5      plt.scatter(x)
```

图 7.3   scatter 的其他参数

这里介绍四个比较常用的参数，s 参数是 size 的缩写，可以控制散点的大小；c 参数是 color 的缩写，可以控制散点的颜色，默认情况下散点是蓝色的；marker 参数可以控制散点的形状，如设置 marker='*' 会绘制出星星形状的散点；alpha 参数代表透明度，是一个 0~1 的实数，值越小透明度越低。例如：

```
import matplotlib.pyplot as plt                          # 导入 matplotlib 模块并简化
x = [1, 2, 3]                                            # 设置每个点的 x 坐标
y = [1, 2, 3]                                            # 设置每个点的 y 坐标
plt.scatter(x, y, s=500, c='red', marker='*', alpha=0.5) # 显示散点图
plt.show()                                               # 定格显示
```

上述代码绘制的散点图如图 7.4 所示。

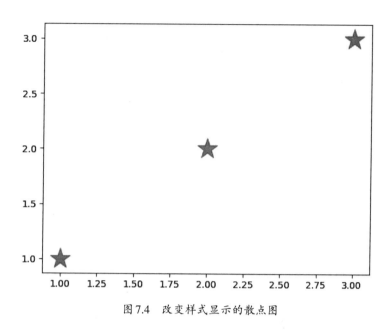

图7.4 改变样式显示的散点图

接下来介绍一个在绘制图像时常用的接口——linspace()接口，该接口在numpy和torch模块中都有，可以很方便地创建一个等差数列。linspace()接口在torch模块中的使用格式如下：

```
torch.linspace(起点, 终点, 数量)
```

例如，想要创建一个1～5的等差数列，如果元素的数量设置为5，那么该等差数列就为[1, 2, 3, 4, 5]，代码如下：

```
import torch                        # 导入torch模块
x = torch.linspace(1, 5, 5)         # 设置每个点的x坐标
print(x)
```

输出结果如下：

```
tensor([1., 2., 3., 4., 5.])
```

注意：因为torch模块创建的数组是Tensor变量，所以输出结果中有tensor字样。

绘制sin()函数的散点图，代码如下：

```
import matplotlib.pyplot as plt     # 导入matplotlib模块并简化
import torch                        # 导入torch模块
import numpy as np                  # 导入numpy模块
x = torch.linspace(-np.pi, np.pi, 20)   # 设置每个点的x坐标
y = np.sin(x)                       # 设置每个点的y坐标
plt.scatter(x, y)                   # 显示散点图
plt.show()                          # 定格显示
```

上述代码绘制的散点图如图7.5所示。

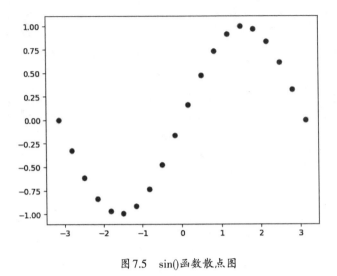

图 7.5　sin()函数散点图

注意：导入 NumPy 包的目的仅仅是引用 pi 变量及 sin() 函数。

使用 linspace() 接口可以迅速构建一个一定范围内的等差数列，即给函数 $y = \sin(x)$ 中的 x 赋值，从而获得许多散点，散点的数量由 x 的数值决定，这就是 linspace() 接口的一个典型应用。

7.1.4　绘图显示的小设置

在 PyCharm 中显示绘图结果时，有一个小设置需要我们了解。第一次使用 Matplotlib 绘制散点图时，在 PyCharm 环境中可能会显示图 7.6 所示的情况。

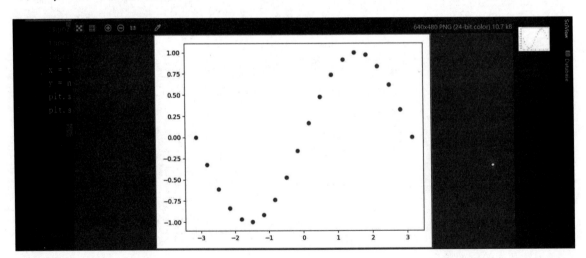

图 7.6　默认绘图显示

绘制的散点图并不会像 cv.imshow() 接口那样在独立的窗口中显示，而是会在一个附属窗口下显示。有时这种显示方式并不方便，我们可以通过设置来更改。选择"File"→"Settings"命令，打开设置界面，选择"Tools"→"Python Scientific"选项，取消选中"Show plots in tool window"复选框，如图7.7所示。更改成功以后，再显示绘图结果时就会在独立的窗口中显示。

图7.7　更改绘图显示设置

7.1.5　曲线绘制

在Matplotlib中，绘制曲线的接口为plot()，其使用格式如下：

```
plt.plot(x, y)
```

plot()接口的两个参数与scatter()接口中的两个参数完全一致，只不过其绘制的图并不是散点，而是将散点连接起来的曲线。例如：

```
import matplotlib.pyplot as plt       # 导入matplotlib模块并简化
import torch                          # 导入torch模块
import numpy as np                    # 导入numpy模块
x = torch.linspace(-np.pi, np.pi, 100) # 设置每个点的x坐标
y = np.sin(x)                         # 设置每个点的y坐标
plt.plot(x, y)                        # 显示曲线图
plt.show()                            # 定格显示
```

注意：为了能够让曲线显示得更加平滑，这里将linspace()函数中的数量设置为100，比之前例子中的数量要多一些。

上述代码绘制的曲线如图7.8所示。

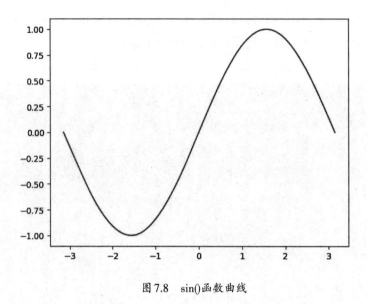

图 7.8　sin()函数曲线

类似地，plot()函数中也有能够改变样式的参数。例如：

```
plt.plot(x, y, c='r', lw=5, ls='--')
```

其中，c控制颜色，lw控制曲线的粗细，ls控制曲线类型，'--'代表虚线。如果再添加上绘制sin()函数的其他代码，则绘制结果如图7.9所示。

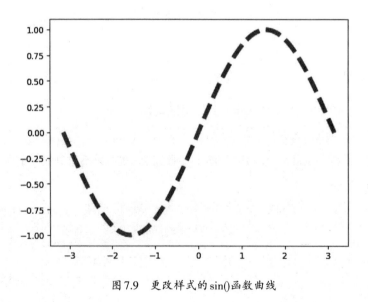

图 7.9　更改样式的sin()函数曲线

7.1.6　设置坐标轴

在绘制散点图或曲线时，还可以对坐标轴进行一定的设置，可以设置坐标的取值范围，也可以设

置坐标轴的标题。例如:

```
import matplotlib.pyplot as plt          # 导入matplotlib模块并简化
import torch                              # 导入torch模块
import numpy as np                        # 导入numpy模块
x = torch.linspace(-np.pi, np.pi, 100)   # 设置每个点的x坐标
y = np.sin(x)                            # 设置每个点的y坐标
plt.plot(x, y)                           # 显示曲线
plt.xlim((-10, 10))                      # 设置x坐标范围
plt.xlabel('x')                          # x轴的标题
plt.ylim((-5, 5))                        # 设置y坐标范围
plt.ylabel('sin(x)')                     # y轴的标题
plt.show()                               # 定格显示
```

上述代码绘制的图像如图7.10所示。由图7.10可知,x轴的范围被调整到了$-10 \sim +10$,y轴的范围被调整到了$-5 \sim +5$,而且分别添加了标题。plt.xlim()和plt.ylim()分别是调整x轴和y轴范围的接口,而plt.xlabel()和plt.ylabel()分别是增加标题的接口。默认情况下,坐标轴的取值范围根据输入x和y自行确定,没有标题。

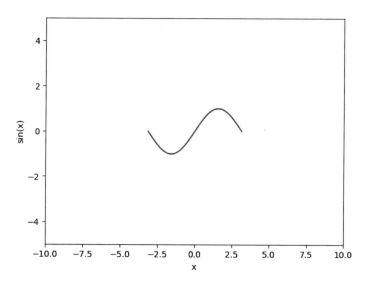

图7.10　改变坐标轴范围和标题的sin()函数曲线

使用Matplotlib绘图时还可以设置坐标的边框和位置。设置这些坐标选项时,需要先获取坐标信息,接口如下:

```
ax = plt.gca()
```

该接口返回的是坐标的边框和位置信息,一般记作ax。设置边框的接口为spines;设置边框颜色的接口为set_color(),默认为白色。spines接口中有right、top、bottom等选项,分别对应不同的边框效果。坐标轴上的数字的位置也可以更改,接口格式如下:

```
ax.xaxis.set_ticks_position('top(或bottom)')       # 更改x轴上数字的位置
```

```
ax.yaxis.set_ticks_position('left(或right)')          # 更改 y 轴上数字的位置
```

set_position()接口可以改变坐标轴的位置,使用格式如下:

```
set_position(('data', 坐标))
```

在坐标位置填写相应的数字就可以将坐标轴移动到相应的位置上去。例如:

```
import matplotlib.pyplot as plt                      # 导入 matplotlib 模块并简化
import torch                                         # 导入 torch 模块
import numpy as np                                   # 导入 numpy 模块
x = torch.linspace(-np.pi, np.pi, 100)               # 设置每个点的 x 坐标
y = np.sin(x)                                        # 设置每个点的 y 坐标
plt.plot(x, y)                                       # 显示曲线
plt.xlabel('x')                                      # x 轴的标题
plt.ylabel('sin(x)')                                 # y 轴的标题
ax = plt.gca()                                       # 获取坐标信息
ax.spines['right'].set_color('none')                 # 设置右边框颜色为白色
ax.spines['top'].set_color('none')                   # 设置上边框颜色为白色
ax.xaxis.set_ticks_position('bottom')                # 设置 x 轴的坐标数字在坐标下方
ax.spines['bottom'].set_position(('data', 0))        # 移动 x 轴到 0 点
ax.spines['left'].set_position(('data', 0))          # 移动 y 轴到 0 点
plt.show()                                           # 定格显示
```

绘制结果如图 7.11 所示。从结果来看,右边框和上边框都被设置为白色,下边框和左边框分别作为 x 轴和 y 轴,并被移动到了原点的位置。

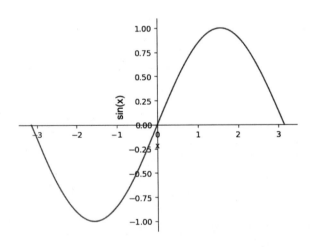

图 7.11　完成一些坐标轴设置的 sin() 函数曲线

7.1.7　动态绘图

在神经网络程序中,我们往往希望可以用图像来动态显示整个过程,这就需要一些动态绘图的接口来实现。

要想实现动态绘图,首先要打开交互模式。交互模式就是在程序运行过程中,遇到plt.show()也不会定格下来,会继续运行,以达到动态显示的功能。打开交互模式的接口如下:

```
plt.ion()
```

运行完这行代码以后,Matplotlib绘图即打开交互模式,在之后的运行过程中,即使遇到plt.show()也不会定格显示。在需要时也可以关闭交互模式,关闭交互模式的接口如下:

```
plt.ioff()
```

完成动态绘图的另一个关键接口如下:

```
plt.cla()
```

该接口的作用是清除图像。在动态显示时,一般希望清除上一幅图像来达到更新显示的效果,所以该接口也十分重要。在清除了上一幅图像并绘制了当前图像以后,通常还需要让当前绘制的图像显示一段时间再切换到下一张,这就需要显示时间接口,如下:

```
plt.pause()
```

该接口括号中的参数为显示的时间,单位为s。

了解了上面四个接口,我们就可以写一段动态显示散点图的程序了,示例如代码7-1所示。

代码7-1 动态绘图示例

```
import matplotlib.pyplot as plt        # 导入matplotlib模块并简化
import torch                           # 导入torch模块
import numpy as np                     # 导入numpy模块

x = torch.linspace(-np.pi, np.pi, 100) # 设置每个点的x坐标
plt.ion()                              # 打开交互模式
for i in range(50):                    # 循环50次
    plt.cla()                          # 清除上一次绘图
    y = np.sin(x) + torch.rand(x.size()) # 设置每个点的y坐标,添加随机数
    plt.scatter(x, y)                  # 绘制散点图
    plt.pause(0.1)                     # 显示时间0.1s
plt.ioff()                             # 关闭交互模式
plt.show()                             # 定格显示最后一张图
```

代码7-1的运行结果是显示一些在sin()函数周围的散点动态图。如果想看动态效果,读者可自行去本书附赠资源文件夹中找到实战文件夹,在实战1中指导代码7-1运行查看最后效果。代码7-1中用到了torch模块中产生随机数的接口rand()来生成随机数;x.size()返回x的尺寸,来生成尺寸相同的y。

7.2 回归问题

神经网络能够解决许多复杂的问题,而其中比较典型的两类问题就是回归问题和分类问题。本

节就来简单介绍一下回归问题。

回归问题就是一种需要拟合的问题。例如,有一个待拟合的散点图,如图7.12所示,要解决的问题就是获得一条线来尽可能得穿过最多的点。

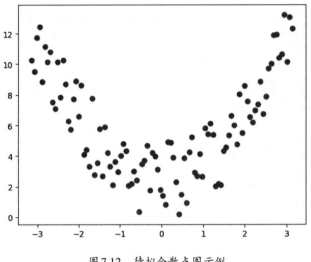

图7.12　待拟合散点图示例

传统方法中,可以考虑采用一次函数、二次函数等来拟合这些点,拟合结果可能如图7.13所示,显然用一次函数,即直线来拟合这些点并不合适,而用二次函数来拟合十分合适。所以,利用传统方法解决拟合问题时,需要提前确定好拟合所采用的函数形式。

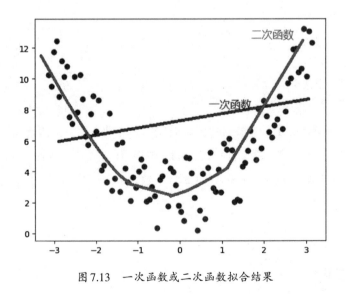

图7.13　一次函数或二次函数拟合结果

而如果采用神经网络来进行拟合,只需要把所有的点都作为训练集输入,不用确定使用何种形式的函数即直接开始训练,训练好后就可以获得一条比较接近我们所期望的曲线。神经网络需要一个输入和一个输出,输入为 x,给一个输入就会有一个 y,同时会确定一个散点。如果网络训练得合适,这些散点就会非常接近样本的散点分布,我们也就解决了这个回归问题。

对应生活中的实际问题,如每个点的横坐标代表年份,纵坐标代表某个地区的房价,这样训练出来的网络就具有了预测房价的功能。

7.3 用Python搭建一个解决回归问题的神经网络

了解了回归问题的概念后,本节使用神经网络程序解决一个回归问题。为了简单起见,这里并不引用类似预测房价这样的实际问题,而是采用具有一定随机性的散点分布来进行演示。

7.3.1 准备工作

首先导入必要的模块。在构造样本时,可能用到numpy模块;在构造网络时,一定会用到torch模块;为了最后可视化显示结果,还要提前导入matplotlib模块。所以,程序的开头如下:

```
import numpy as np                      # 导入numpy模块
import torch                            # 导入torch模块
import torch.nn as nn                   # 简化nn模块
import matplotlib.pyplot as plt         # 导入并简化matplotlib模块
```

导入了必要的模块之后,即可开始构造样本集。要解决某个回归问题,就应该有某个散点集来供给网络输入学习。这里为了演示方便,需要自行构建一个散点集。构建散点集的方法如下:

```
x = torch.unsqueeze(torch.linspace(- np.pi, np.pi, 100), dim=1)   # 构建等差数列
y = torch.sin(x) + 0.5 * torch.rand(x.size())                     # 添加随机数
```

直接使用torch模块来构建Tensor类型的样本集 x 和 y,采用linspace()构建等差数列,采用torch.sin()和torch.rand()接口来构建一个在sin()函数周围的一些随机散点。unsqueeze()接口在之前讨论绘制散点图时并没有提及,这里也不做具体的介绍,读者只需知道该接口的作用是将 x 由一个一维数组转换成二维数组即可。只有转换成二维的数据才能输入网络。前面曾经讲过,输入网络的数据有四个维度,分别代表样本数、通道数、长、宽,但这里的样本集并不是图像,所以只需要二维数据即可。读者可能还有疑惑,一维数据是如何转换成二维数据的?下面举例说明,例如:

```
import numpy as np                      # 导入numpy模块
import torch

x = torch.linspace(- np.pi, np.pi, 3)   # 构建等差数列
print(x)
```

输出结果如下:

```
tensor([-3.1416, 0.0000, 3.1416])
```

如果将代码稍做修改,例如:

```
import numpy as np                           # 导入numpy模块
import torch

x = torch.unsqueeze(torch.linspace(- np.pi, np.pi, 3), dim=1)
                                    # 构建等差数列并转换成二维数组
print(x)
```

输出结果就变为:

```
tensor([[-3.1416],
        [ 0.0000],
        [ 3.1416]])
```

从结果的变化来看,本质上只是在数组中多添加了中括号,这样也就增加了维度,使得数据可以输入到网络中去。

上面代码中构建的 x 和 y,如果绘制出散点图,则如图 7.14 所示,类似于 sin() 函数的散点分布。

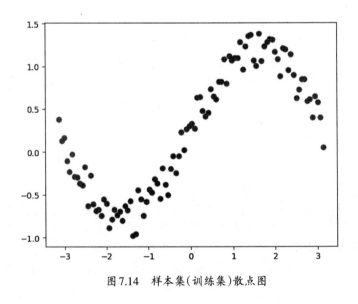

图 7.14　样本集(训练集)散点图

7.3.2　构建网络

准备工作完成以后,就可以选择一个合适的网络结构来进行构建。根据对回归问题的分析,网络需要有一个输入和一个输出。由于这个问题并不复杂,因此可以采用隐藏节点数为 10 的隐含层,网络结构如图 7.15 所示。这里选择 ReLU 函数作为激活函数,但是并不在输出之后再添加激活函数,因为我们希望输出的点能够拟合原来的散点坐标,所以输出并没有规定范围,如果采用激活函数就可能出现拟合极其不合理的情况。

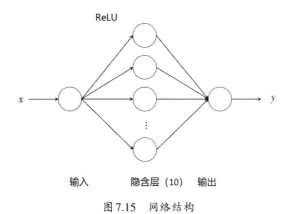

图 7.15　网络结构

构建该网络,这里采用比较标准的形式,用类的方式来构建,如下:

```
class Net(nn.Module):                        # 定义类,存储网络结构
    def __init__(self):
        super(Net, self).__init__()
        self.predict = nn.Sequential(        # nn模块搭建网络
            nn.Linear(1, 10),                # 全连接层,1个输入,10个输出
            nn.ReLU(),                       # ReLU激活函数
            nn.Linear(10, 1)                 # 全连接层,10个输入,1个输出
        )

    def forward(self, x):                    # 定义前向传播过程
        prediction = self.predict(x)         # 将x传入网络
        return prediction                    # 返回预测值
```

之前在类中定义了网络结构和前向传播过程。前向传播过程十分简单,但是这里依旧采用一个函数来规定这个过程,因为这样写才是标准的。

7.3.3　训练网络

成功构建网络以后,便可以对网络进行训练了,训练的设置与5.4节的设置基本一致,采用SGD算法进行优化,采用MSE作为损失函数,代码如下:

```
net = Net()
optimizer = torch.optim.SGD(net.parameters(), lr=0.05)    # 设置优化器
loss_func = nn.MSELoss()                                   # 设置损失函数
```

训练过程要使用循环来实现,与之前我们写过的神经网络的训练过程基本一致,如下:

```
for epoch in range(1000):                    # 训练部分
    out = net(x)                             # 实际输出
    loss = loss_func(out, y)                 # 实际输出和期望输出传入损失函数
    optimizer.zero_grad()                    # 清除梯度
    loss.backward()                          # 误差反向传播
    optimizer.step()                         # 优化器开始优化
```

为了能够动态显示训练过程,需要在该循环之前使用plt.ion()打开交互模式,然后用if语句来设置每隔多少次训练显示一次当前训练的结果,利用plt.scatter()和plt.plot()可以分别绘制样本散点图和拟合曲线,最后使用plt.ioff()关闭交互模式,使用plt.show()定格显示最后一次训练结果。

由于这次实战仅仅是为了演示如何使用神经网络来解决回归问题,因此并不需要将训练好的网络保存起来,每次运行都可以看到曲线拟合散点的一个过程。由于每次的参数并不是固定的,因此训练结果也会有所差别。

至此,回归问题实战的整体思路已经讲解完毕,读者可以开始自己尝试能否将这些思路串联起来,写出一个完美的演示程序;读者也可以选择直接参看完整的标准程序,这部分内容会在7.3.4小节中进行介绍。

7.3.4　完整程序

使用神经网络解决回归问题示例的完整程序如代码7-2所示。

代码7-2　回归问题示例

```python
import numpy as np                          # 导入numpy模块
import torch                                # 导入torch模块
import torch.nn as nn                       # 简化nn模块
import matplotlib.pyplot as plt             # 导入并简化matplotlib模块

x = torch.unsqueeze(torch.linspace(- np.pi, np.pi, 100), dim=1)    # 构建等差数列
y = torch.sin(x) + 0.5 * torch.rand(x.size())                       # 添加随机数


class Net(nn.Module):                       # 定义类,存储网络结构
    def __init__(self):
        super(Net, self).__init__()
        self.predict = nn.Sequential(       # nn模块搭建网络
            nn.Linear(1, 10),               # 全连接层,1个输入,10个输出
            nn.ReLU(),                      # ReLU激活函数
            nn.Linear(10, 1)                # 全连接层,10个输入,1个输出
        )

    def forward(self, x):                   # 定义前向传播过程
        prediction = self.predict(x)        # 将x传入网络
        return prediction                   # 返回预测值


net = Net()
optimizer = torch.optim.SGD(net.parameters(), lr=0.05)  # 设置优化器
loss_func = nn.MSELoss()                                 # 设置损失函数
plt.ion()                                                # 打开交互模式
for epoch in range(1000):                                # 训练部分
    out = net(x)                                         # 实际输出
    loss = loss_func(out, y)                             # 实际输出和期望输出传入损失函数
    optimizer.zero_grad()                                # 清除梯度
    loss.backward()                                      # 误差反向传播
```

```
optimizer.step()                                        # 优化器开始优化
if epoch % 25 == 0:                                     # 每25epoch显示
    plt.cla()                                           # 清除上一次绘图
    plt.scatter(x, y)                                   # 绘制散点图
    plt.plot(x, out.data.numpy(), 'r', lw=5)            # 绘制曲线图
    plt.text(0.5, 0, f'loss={loss}', fontdict={'size': 20, 'color': 'red'})
                                                        # 添加文字来显示loss值
    plt.pause(0.1)                                      # 显示时间0.1s
plt.show()
plt.ioff()                                              # 关闭交互模式
plt.show()                                              # 定格显示最后结果
```

其中，在绘制散点图时，采用了.data.numpy()将网络的输出转换为numpy数组，这样写可以防止程序因网络的输出格式有问题而报错。这里还采用了一个新的接口——plt.text()接口，该接口可以在图中添加文字信息，这里使用f格式来让文字显示loss值。

代码7-2的运行结果如图7.16所示。

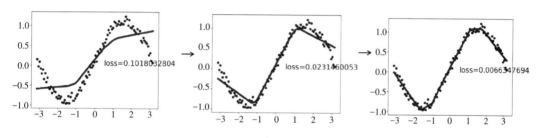

图7.16　代码7-2的运行结果

该结果是一个动态拟合的过程，红色曲线越来越能代表散点的分布，loss的值不断减小，说明训练过程没有问题。如果保存该网络，给一个输入x到训练好的网络中，会得到一个y，x和y组成的散点一定会大致分布在蓝色散点的范围内。需要注意的是，这里虽然拟合出了散点的大致分布，但是并没有得到一个可以代表散点的表达式。网络训练到最后得到的只是连接权值，虽然根据这些连接权值和激活函数也能写出相应的表达式，但是我们通常不关心这个表达式是什么；而如果用其他拟合方法，可能最后会得到一个一次函数或二次函数表达式，这和使用神经网络是不同的。

从最后的结果来看，神经网络拟合出的曲线类似于一个分段函数，相比单纯地用一次函数或二次函数，神经网络拟合出的曲线更具代表性，这也是用神经网络拟合曲线的优势之一。

7.4　分类问题

神经网络解决的第二类典型问题就是分类问题，它要求训练好的网络最后的输出为问题的分类。

本节就来简单介绍一下分类问题。

简单来说,分类问题就是对样本进行类别的划分,在实际生活中经常会面临这类问题。例如,把猫和狗分成不同的类,具体到不同品种,猫和狗各自又会分为不同的类型,这就是一种分类问题。抽象成散点来说,如图 7.17 所示,可以将图中的散点按照坐标分为两类,两种类型大致分布在各自的区域中。如果要解决这个分类问题,就要让训练好的网络具有两个输入节点,分别输入 x 坐标和 y 坐标;还要具有两个输出节点,输出分类编码。我们经常采用的分类编码在计算机学科中被称为独热编码(One-hot)。例如,图 7.17 所示的散点一共分为两类,可以让输出 10 代表第一类,01 代表第二类。推广到多分类上,可以让 100 代表第一类,010 代表第二类,001 代表第三类。

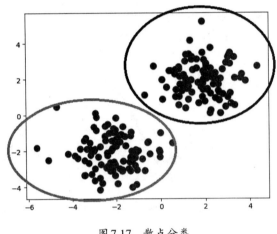

图 7.17　散点分类

关于二分类问题的输出也可以不采用独热编码,可以只有一个输出,输出的范围为 0 ~ 1,代表输入被认定为是第一类或第二类的概率。这种情况下,输出层的激活函数一般采用 Sigmoid 函数。

 7.5 用 Python 搭建一个解决分类问题的神经网络

了解了分类问题的概念后,本节使用神经网络程序解决一个分类问题。为了简单起见和更加具有普遍性,这里并不引用识别猫或狗这样的实际问题,而是继续采用具有一定随机性的散点分布来进行演示。

7.5.1　准备工作

本小节要做的准备工作与 7.3.1 小节基本相同,这里并没有用到 numpy 模块,所以并不需要导入,

其他几个模块都需要导入,如下:

```
import torch                         # 导入torch模块
import torch.nn as nn                # 简化nn模块
import matplotlib.pyplot as plt      # 导入并简化matplotlib模块
```

这里构建样本集时会有一点不同,我们想要构建大致在两种范围内的散点集,而这些散点还要具有一定的随机性。这里介绍torch中的一个新接口,如下:

```
torch.normal(mean, std)
```

normal()接口用来产生符合均值为mean、标准差为std的正态分布的随机数。mean和std不一定是一个值,也可以是一个数组。如果两个参数都是数组,那么两个数组的尺寸形状必须相同。参数为数组时,最后生成的Tensor变量的尺寸也会与数组尺寸相同。例如:

```
import torch                         # 导入torch模块

x = torch.ones(5)                    # 创建一维Tensor类型数组
y = torch.normal(x, 1)               # 生成随机值Tensor类型数组
print(y)
```

上述代码运行结束会生成一维随机值数组,该随机值符合均值为1、标准差为1的正态分布。某次的运行结果如下:

```
tensor([1.1779, 0.8296, 1.3502, 1.4892, 1.0821])
```

如果把x改成二维数组,例如:

```
x = torch.ones(2, 2)
```

则可能的运行结果如下:

```
tensor([[ 0.4945,  1.3048],
        [-0.4960,  1.2658]])
```

理解了normal()接口的功能之后,接下来着手构建样本集(训练集)。我们想要构建两种不同的样本集,但这两种不同的样本集又有着自己的总体特征,所以可以让两个不同的散点集符合不同的正态分布。例如:

```
data = torch.ones(100, 2)           # 数据总数(总框架)
x0 = torch.normal(2*data, 1)        # 第一类坐标
x1 = torch.normal(-2*data, 1)       # 第二类坐标
```

理解这三行代码的关键是要弄清楚 x0 和 x1 的含义。x0 和 x1 都继承了 data 的尺寸,是一个二维数组,尺寸为 100 × 2。为什么会有两个维度呢?因为 x0 和 x1 并不仅仅是 x 坐标,其中还包括了 y 坐标,即用第一个维度存储 x 坐标,第二个维度存储 y 坐标,而每一个 x 坐标和 y 坐标都符合正态分布。这样,x0 就可以代表一个点集,y0 也可以代表一个点集。因为正态分布的参数不同,所以这两个点集是两种不同的点集,绘制的散点图可能如图7.18所示。

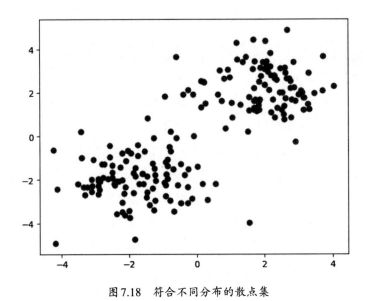

图7.18　符合不同分布的散点集

　　在训练网络时,我们往往希望训练集是一个整体,所以将x0和x1合并成一个样本集也是要做的
准备工作之一。合并Tensor张量的接口如下:

```
torch.cat((张量1, 张量2), 维度)
```

　　张量1和张量2为两个将要合并的张量;维度参数为0或1,0代表按列合并,1代表按行合并,默
认情况下是按列合并。例如:

```
import torch                          # 导入torch模块

x0 = torch.ones(2, 2)
x1 = torch.zeros(2, 2)                # 创建二维Tensor张量
print(x0)
print(x1)
x = torch.cat((x0, x1), 0)           # 按列合并
print(x)
x = torch.cat((x0, x1), 1)           # 按行合并
print(x)
x = torch.cat((x0, x1))              # 默认按列合并
print(x)
```

　　输出结果如下:

```
tensor([[1., 1.],
        [1., 1.]])
tensor([[0., 0.],
        [0., 0.]])
tensor([[1., 1.],
        [1., 1.],
        [0., 0.],
```

```
        [0., 0.]])
tensor([[1., 1., 0., 0.],
        [1., 1., 0., 0.]])
tensor([[1., 1.],
        [1., 1.],
        [0., 0.],
        [0., 0.]])
```

建议将样本按列合并，这样合并之后的第一列代表所有的 *x* 坐标，第二列代表所有的 *y* 坐标。合并完成之后，为了防止数据类型错误，将它转换为 Float 类型的 Tensor 变量，代码如下：

```
x = torch.cat((x0, x1), 0).type(torch.FloatTensor)
                        # x0、x1合并成x，并转换成Float类型的Tensor变量
```

至此，样本集已经构建好了，是不是可以开始训练了呢？显然，还不可以。试想这样一个情景：你在教一个不认识猫和狗的小朋友识别猫狗，你有很多猫狗图像，现在把这些图像给小朋友，让他学习。过了一段时间以后，你觉得小朋友能学会吗？我们忘记了关键的一步，即告诉小朋友哪些图像里的动物是猫，哪些图像里的动物是狗。只有先告诉他这些，他才有可能通过自己反复地学习，最终学会分辨猫和狗。

所以现在要给散点集打上标签，即告诉计算机哪些点是第一类点，哪些点是第二类点。可以把第一类都标记为0，第二类都标记为1，用 *y* 来存储这些标签。例如：

```
y0 = torch.zeros(100)        # 第一类标签设置为0
y1 = torch.ones(100)         # 第二类标签设置为1
y = torch.cat((y0, y1)).type(torch.LongTensor)
                        # y0、y1合并成y，并转换成Long类型的Tensor变量
```

由于一个标签对应一个点，即对应一个 *x* 坐标和一个 *y* 坐标，因此 *y* 只需要一个维度即可。在遇到分类问题时，PyTorch 中一般要求标签为 Long 类型的 Tensor 变量，这是一个必须遵守的规定，否则就会报错。所以，这里使用 type() 接口将 *y* 转换为 LongTensor 变量。

至此，才算完成了所有的准备工作。

7.5.2 构建网络

准备工作完成以后，同样要选择一个合适的网络结构来进行构建。根据对分类问题的分析，网络需要有两个输入和两个输出。由于这个问题并不复杂，因此可以较之前的回归问题适当增加隐藏节点的个数，采用隐藏节点数为15的隐含层，网络结构如图7.19所示。选择 ReLU 函数作为隐含层激活函数，选择 Softmax 函数作为输出层激活函数。

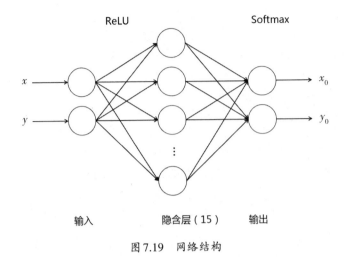

图 7.19   网络结构

构建该网络的方法和回归问题的构建方法类似,如下:

```
class Net(nn.Module):                           # 定义类,存储网络结构
    def __init__(self):
        super(Net, self).__init__()
        self.classify = nn.Sequential(          # nn模块搭建网络
            nn.Linear(2, 15),                   # 全连接层,2个输入,15个输出
            nn.ReLU(),                          # ReLU激活函数
            nn.Linear(15, 2),                   # 全连接层,15个输入,2个输出
            nn.Softmax(dim=1)
        )

    def forward(self, x):                       # 定义前向传播过程
        classification = self.classify(x)       # 将x传入网络
        return classification                   # 返回预测值
```

7.5.3   训练网络

成功构建网络以后,便可以对网络进行训练了,训练的设置与前面的设置几乎一致,采用SGD算法进行优化。因为是分类问题,所以这里采用交叉熵函数作为损失函数,接口为CrossEntropyLoss(),代码如下:

```
net = Net()
optimizer = torch.optim.SGD(net.parameters(), lr=0.03)   # 设置优化器
loss_func = nn.CrossEntropyLoss()                        # 设置损失函数
for epoch in range(100):                                 # 训练部分
    out = net(x)                                         # 实际输出
    loss = loss_func(out, y)                             # 实际输出和期望输出传入损失函数
    optimizer.zero_grad()                                # 清除梯度
    loss.backward()                                      # 误差反向传播
    optimizer.step()                                     # 优化器开始优化
```

7.5.4　可视化

本小节来讨论如何进行可视化动态显示,我们可以用不同的颜色对点进行标记来显示分类效果,而要想达到这个效果,就需要先对网络的输出进行一定的处理。

这里介绍一个新的接口,格式如下:

```
torch.max()
```

该接口用来求一个Tensor张量中的最大值,具体用法如下:

```
import torch                        # 导入torch模块

x = torch.rand(2, 2)
print(x)
m = torch.max(x)                    # 返回张量的最大值
print(m)
m = torch.max(x, 0)                 # 返回每一列的最大值及其下标
print(m)
m = torch.max(x, 1)                 # 返回每一行的最大值及其下标
print(m)
m = torch.max(x, 0)[0]              # 只返回每一列的最大值
print(m)
m = torch.max(x, 1)[0]              # 只返回每一行的最大值
print(m)
m = torch.max(x, 0)[1]              # 只返回每一列的最大值下标
print(m)
m = torch.max(x, 1)[1]              # 只返回每一行的最大值下标
print(m)
```

输出结果如下:

```
tensor([[0.8684, 0.5938],
        [0.4602, 0.8449]])
tensor(0.8684)
torch.return_types.max(
values=tensor([0.8684, 0.8449]),
indices=tensor([0, 1]))
torch.return_types.max(
values=tensor([0.8684, 0.8449]),
indices=tensor([0, 1]))
tensor([0.8684, 0.8449])
tensor([0.8684, 0.8449])
tensor([0, 1])
tensor([0, 1])
```

注意:indices表示下标信息,同数组的下标一样,也是从0开始。

接下来可以使用该接口处理输出。由之前的准备可知,网络有两个输出值,这两个输出值可能都是小数。根据独热编码,可以把较大的一个数看成1,较小的一个数看成0,所以可以让最后的结果只

保留下标信息。输出结果一共有100行2列,每一行代表一个分类结果,保留每一行的最大值的下标。如果这个下标为0,则代表这一行中第一个值较大,独热编码10,分为第一类;如果下标为1,则代表这一行中第二个值较大,独热编码01,分为第二类。代码如下:

```
classification = torch.max(out, 1)[1]    # 返回每一行中最大值的下标
class_y = classification.data.numpy()    # 转换成numpy数组
```

同样地,需要把标签页转换成numpy数组,以便计算准确率,代码如下:

```
target_y = y.data.numpy()                # 标签页转换成numpy数组,以便计算准确率
```

绘制散点图,代码如下:

```
plt.scatter(x.data.numpy()[:, 0], x.data.numpy()[:, 1], c=class_y, s=100,
        cmap = 'RdYlGn')                 # 绘制散点图
```

把x中的第一列作为横坐标,第二列作为纵坐标;c=class_y代表颜色随着class_y的值的不同而不同;颜色模式采用RdYlGn,这里可以不设置该颜色模式,使用默认颜色。

最后增加一个准确率显示,代码如下:

```
accuracy = sum(class_y == target_y) / 200    # 计算准确率
plt.text(1.5, -4, f'Accuracy={accuracy}', fontdict={'size': 20, 'color': 'red'})
                                              # 显示准确率
```

这里采用了一个小技巧,class_y == target_y返回的是一个布尔类型的numpy数组,返回的下标与标签相同就为True,代表分类正确;不同就为False,代表分类错误。sum()函数对布尔类型数组求和时,True当作1,False当作0,将得到的正确结果的个数再除以总数200,最后的值便是准确率,该准确率实际上是训练集的准确率。

至此,该程序的思路和一些细节都讲解完毕,读者可以尝试自己编写完整的分类问题程序;如果想直接参看完整的标准程序,可以看7.5.5小节。

7.5.5 完整程序

使用神经网络解决分类问题示例的完整程序如代码7-3所示。

代码7-3 分类问题示例

```
import torch                            # 导入torch模块
import torch.nn as nn                   # 简化nn模块
import matplotlib.pyplot as plt         # 导入并简化matplotlib模块

data = torch.ones(100, 2)               # 数据总数(总框架)
x0 = torch.normal(2*data, 1)            # 第一类坐标,从满足mean为2和std为1的正态
                                        # 分布中抽取随机数
y0 = torch.zeros(100)                   # 第一类标签设置为0
x1 = torch.normal(-2*data, 1)           # 第二类坐标,从满足mean为-2和std为1的正态
```

```
                                              # 分布中抽取随机数
y1 = torch.ones(100)                          # 第二类标签设置为1
x = torch.cat((x0, x1)).type(torch.FloatTensor)    # x0、x1合并成x，并转换成Float
                                              # 类型的 Tensor 变量
y = torch.cat((y0, y1)).type(torch.LongTensor)     # y0、y1合并成y，并转换成Long
                                              # 类型的 Tensor 变量


class Net(nn.Module):                         # 定义类，存储网络结构
    def __init__(self):
        super(Net, self).__init__()
        self.classify = nn.Sequential(        # nn模块搭建网络
            nn.Linear(2, 15),                 # 全连接层，2个输入，15个输出
            nn.ReLU(),                        # ReLU激活函数
            nn.Linear(15, 2),                 # 全连接层，15个输入，2个输出
            nn.Softmax(dim=1)
        )

    def forward(self, x):                     # 定义前向传播过程
        classification = self.classify(x)     # 将x传入网络
        return classification                 # 返回预测值


net = Net()
optimizer = torch.optim.SGD(net.parameters(), lr=0.03)  # 设置优化器
loss_func = nn.CrossEntropyLoss()             # 设置损失函数
plt.ion()                                     # 打开交互模式
for epoch in range(100):                      # 训练部分
    out = net(x)                              # 实际输出
    loss = loss_func(out, y)                  # 实际输出和期望输出传入损失函数
    optimizer.zero_grad()                     # 清除梯度
    loss.backward()                           # 误差反向传播
    optimizer.step()                          # 优化器开始优化
    if epoch % 2 == 0:                        # 每2epoch 显示
        plt.cla()                             # 清除上一次绘图
        classification = torch.max(out, 1)[1] # 返回每一行中最大值的下标
        class_y = classification.data.numpy() # 转换成numpy 数组
        target_y = y.data.numpy()             # 标签页转换成numpy 数组，以便
                                              # 计算准确率
        plt.scatter(x.data.numpy()[:, 0], x.data.numpy()[:, 1], c=class_y,
                    s=100, cmap='RdYlGn')     # 绘制散点图
        accuracy = sum(class_y == target_y) / 200  # 计算准确率
        plt.text(1.5, -4, f'Accuracy={accuracy}', fontdict={'size': 20,
                 'color':'red'})              # 显示准确率
        plt.pause(0.4)                        # 时间0.4s
    plt.show()
plt.ioff()                                    # 关闭交互模式
plt.show()                                    # 定格显示最后结果
```

输出结果的大致变化过程如图 7.20 所示。

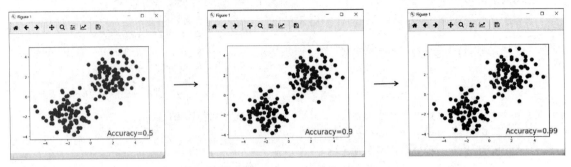

图 7.20　代码 7-3 的大致运行结果

7.6　小结

　　本章详细讲述了神经网络中的两类经典问题,即回归问题和分类问题的实现方法及与其相关的一些接口的使用。经过本章的实战之后,相信读者会对 PyTorch 的使用及神经网络的训练过程有更进一步的理解。学完本章后,读者应该能够回答以下问题:

　　(1) Python 中进行可视化绘图的模块是什么?

　　(2) 如何绘制散点图和曲线图?

　　(3) 如何进行动态显示绘图?

　　(4) 什么是回归问题?

　　(5) 解决回归问题的神经网络输出层是否需要激活函数? 如果需要,需要什么激活函数?

　　(6) 什么是分类问题?

　　(7) 如何构建分类散点的样本集?

　　(8) 解决分类问题的神经网络输出层是否需要激活函数? 如果需要,需要什么激活函数?

第 8 章

实战2:猫狗识别问题

本章将进行本书的第二次实战。在这次实战中,我们将会尝试利用神经网络解决一个更加实际的问题——猫狗识别问题。本章将使用Python搭建神经网络并训练,使其能够基本分辨猫的图像和狗的图像。本次实战最重要的并不是最后的实现结果,而是整个解决问题的过程和思考的过程。

本章主要涉及的知识点

- 猫狗识别问题实战思路。
- 猫狗识别问题实战程序。
- 可视化训练过程的方法。

8.1 实战目标

在正式进行本次实战之前,需要首先了解实战的目标,有了目标后才会有一个大的方向,才能找到相应的方法和思路去完成这个目标。这里的目标就是能够训练出一个神经网络,让它能够识别猫和狗的图像。

8.1.1 目标分析

如图8.1所示,从大的范畴上来看,识别图像中是猫还是狗,是一个计算机视觉(Computer Vision,CV)领域的问题。简单来说,计算机视觉就是想办法让计算机拥有像人类一样的视觉。

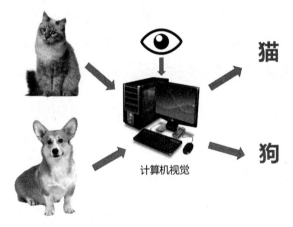

计算机视觉

图8.1 猫狗识别问题

传给计算机一张图像,这张图像中有猫或狗,然后让计算机返回一个结果,判断这张图像中是猫还是狗。这个过程如果不使用神经网络很难实现,因为计算机看到的图像只是无序数字的组合,而告诉程序哪些数字组合是猫或哪些数字组合是狗显然是不现实的。所以,必须使用神经网络让计算机先进行学习,然后才能很好地解决这个问题。

如果使用神经网络,那这个问题是属于回归问题还是分类问题呢?显然,这是一个分类问题,猫的图像可以看成第一类,狗的图像可以看成第二类,这是一个典型的二分类问题。但是,这里输入给网络的特征不再像散点的特征那样简单,而是需要传给网络一个矩阵,该矩阵的每个元素代表每个像素的灰度值大小。

分析到这里,读者可能会想到,使用卷积神经网络是一个非常不错的选择,因为卷积很善于提取图像里的特征。只要网络能够通过卷积提取出猫或狗的特征,就能够轻松地分辨出它们;而要想提取出有用的特征,就需要对网络进行训练。

至此,本次实战的目标及实现思路已经基本明确。

8.1.2 样本集

本次实战采用Kaggle的猫狗数据集。Kaggle是一个机器学习的比赛,其曾经举办过一次"猫狗大赛",大赛分别提供了一万多张猫和狗图像,供参赛者使用。

为了演示方便,本次实战只采用其中的200个样本,如图8.2所示。从Kaggle官网下载的数据集的每个图像都有名称和数字标签,名称和数字之间用"."隔开。这里分别选取前100张猫的图像(标签为cat.0 ~ cat.99)和前100张狗的图像(标签为dog.0 ~ dog.99)作为样本集。

图 8.2 Kaggle 猫狗数据集(部分)

Kaggle官网提供的完整猫狗数据集可以在本书附赠的资源中找到,有兴趣的读者可以自己使用更多的样本集。

8.2 实现思路

明确目标之后,本节讨论具体的实现思路及步骤,通过对目标的进一步思考,一步一步完成每个相关程序的实现,最终实现分辨猫狗的终极目标。本节只讨论思路,也会讨论代码的一些相关问题,但不会涉及非常具体的代码实现。希望读者在阅读完本节后,能在脑海中形成一个思路,可以在查看标准代码之前先自己尝试编写每个部分的程序。

8.2.1 构建样本集

构建样本集之前,需要大致观察样本。在Kaggle的猫狗数据集中,每张图像的尺寸都不相同,需要在构建时统一确定一个比较适合的尺寸,将每个图像都缩放到规定的尺寸,这是因为网络的输入是固定的,不会变化。

缩放图像需要用到cv2模块,所以需要提前导入cv2,这样就可以在之后的程序中直接使用cv.resize()接口对图像进行快速缩放。

这里按照6.6节介绍的方法构建样本集,所以还需要导入numpy模块。使用numpy模块先创建两个零矩阵,用来存放训练集和测试集。这里的零矩阵实际上是一个张量,它有四个维度,第一个维度是样本数量,第二个维度是通道数,第三个维度和第四个维度分别是图像的长和宽。例如:

```
train_set = np.zeros(m1*2 * l_x * l_x*3)           # 创建零矩阵
train_set = np.reshape(train_set, (m1*2, 3, l_x, l_x))   # 重塑成可以存储图像的形状
test_set = np.zeros(m2*2 * l_x * l_x*3)            # 创建零矩阵
test_set = np.reshape(test_set, (m2*2, 3, l_x, l_x))    # 重塑成可以存储图像的形状
```

其中,m1为猫或狗的训练集数量,m2为猫或狗的测试集数量。因为创建的矩阵要把猫和狗的数据全部存储进去,所以通道数都需要乘2。l_x代表图像的长和宽,这里规定输入的图像长和宽都相等,所以只需要一个变量就可以表示图像的尺寸。还有一点需要注意的是,为了获得更多的特征,让网络得到更好的训练,采用三个通道的彩色图像作为训练集和测试集,所以创建的张量的第二个维度的通道数应该为3。

同之前实战中构建数据集的方法类似,也可以同样设置一个成功标志,来记录有多少个样本被成功存入矩阵中。然后需要使用两个for循环对矩阵进行赋值,与之前的方法类似,只不过这里两种数据赋值到同一个矩阵中。如图8.3所示,可以用前一半空间存储猫的数据,后一半空间存储狗的数据。

training set	cat.0	cat.1	cat.2	...	cat.69	dog.0	dog.1	dog.2	...	dog69
m1	0	1	2	...	69	70	71	72	...	139

test set	cat.70	cat.71	cat.72	...	cat.99	dog.70	dog.71	dog.72	...	dog99
m2	0	1	2	...	29	30	31	32	...	59

图8.3　训练集和测试集的结构

构建训练集的代码如下:

```
for i in range(m1):
    path1 = f'./sample/cat.{i}.jpg'                 # 路径
    path2 = f'./sample/dog.{i}.jpg'
    img1 = cv.imread(path1)
    img2 = cv.imread(path2)                         # 读取两张图像(一张猫、一张狗)
    img1 = cv.resize(img1, (l_x, l_x))
    img2 = cv.resize(img2, (l_x, l_x))              # 将图像调整到规定尺寸
    # 猫的图像赋值给矩阵
    train_set[i, 0, :, :] = img1[:, :, 0]
    train_set[i, 1, :, :] = img1[:, :, 1]
    train_set[i, 2, :, :] = img1[:, :, 2]           # 赋值给训练集矩阵
    sucess_mark += 1                                # 成功标记加一
    # 狗的图像赋值给矩阵
    train_set[m1+i, 0, :, :] = img2[:, :, 0]
    train_set[m1+i, 1, :, :] = img2[:, :, 1]
    train_set[m1+i, 2, :, :] = img2[:, :, 2]        # 赋值给训练集矩阵
    sucess_mark += 1                                # 成功标记加一
```

m1是训练集中猫或狗的图像总数,训练集总数的一半,i的变化范围是0~m1。具体来说,m1为70,因为我们是按照7:3的比例来选取训练集和测试集的,样本总数是200,训练集为140,一半就为70。因此,i的变化范围是0~70,即第一次循环中,train_set的第一个位置用来存放cat.0,而dog.0被存放在第m1+i的位置上,即第70个位置上,这也正好对应图8.3所示的结构。

测试集构建方法与训练集并没有太大的区别,唯一有区别的地方就是下标。最后判断成功标记是否等于200,如果等于200,则使用numpy模块中的save()接口进行保存。例如:

```
if sucess_mark == 200:                             # 如果成功标记个数为样本总数,则保存两个数据集
    np.save('cat_train_set.npy', train_set)
    np.save('cat_test_set.npy', test_set)
```

8.2.2　测试样本集

为了确保训练集和测试集构建无误,可以重新编写一个程序来测试样本集,观察能否用对应位置的下标来访问对应位置的图像。

例如,如果想访问cat.69和dog.70,由图8.3可知,它们对应的下标分别是训练集中的69和测试集中的30。编写程序访问这两个下标对应的图像,如下:

```
train_set = np.load('cat_train_set.npy')           # 读取训练集
test_set = np.load('cat_test_set.npy')             # 读取测试集
img1 = train_set[69, 0, :, :]                      # 训练集第70个图像,下标69
img2 = test_set[30, 0, :, :]                       # 测试集第31个图像,下标30
img1 = img1.astype(np.uint8)
img2 = img2.astype(np.uint8)                       # 由float型转换成uint8
```

需要注意的是,这里只是测试样本集是否构建正确,所以并不需要显示彩色图像,只需要取其中

的一个通道进行显示即可。

8.2.3　构建网络

构建好训练集和测试集以后,即可着手构建网络结构了。本次实战将用一个独立的文件来存放网络结构,这样做不仅可以让代码整齐分明,而且还方便在之后的运用中重复引用相同的网络结构。首先要思考,我们需要一个什么样的网络? 前面已经分析过,需要使用卷积神经网络,这就势必用到卷积层和池化层。在一般的卷积神经网络中,池化层一般都在卷积层之后,起到压缩特征的作用。当然,一个完整的卷积层还需要包括全连接层,全连接层的最后输出二分类结果,结果同样采用独热编码。如图8.4所示,每一个卷积层中采用的激活函数为 ReLU 函数,只有最后一层采用 Softmax 函数输出分类结果。

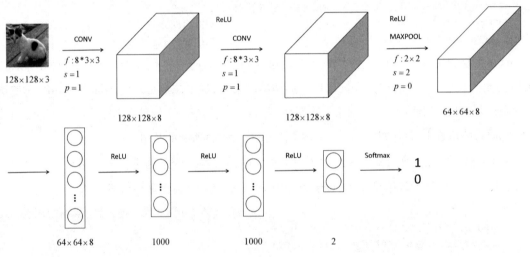

图 8.4　识别猫狗的网络结构

卷积层部分,两个卷积层的参数完全一致,都有8个尺寸为 3×3 的卷积核,步长为1,边界为1。根据式(6.1)计算,$o = \dfrac{(128 - 3 + 2 \times 1)}{1} + 1 = 128$,即每一个卷积层的输出并不改变长和宽,只改变通道的数量,因为有8个卷积核,所以输出的通道数就变为8。类似地,池化层也可以根据式(6.1)计算,$o = \dfrac{(128 - 2 + 0)}{2} + 1 = 64$。最后,将尺寸为 $64 \times 64 \times 8$ 的特征图展成一维,送入全连接层,输出最后结果。

清楚了要构建的网络结构后,即可编写代码来构建网络。建议将构建网络的代码放在一个 .py 文件中,最好采用类的形式进行构建,方便在训练程序中对其进行调用。

8.2.4　训练网络

构建好网络之后，即可开始对网络进行训练。网络结构存储在一个独立的.py文件中，在训练时需要将网络引入，引入的方法如下：

```
from net_model import ICNET                              # 导入网络模型
net = ICNET().cuda()                                     # 将网络传入GPU
```

一般把第一行代码放在程序的最前面，ICNET就是之前创建的网络的类的名称，该名称是在定义类时自行定义的，引入这个网络也就是引入这个类。net_model是存储网络的.py文件的名称。在其他程序中，如果想引用另一个文件中的类或函数，也可以使用这种方法，但是前提是引入的那个文件必须和当前运行的程序的文件在同一文件夹下。第二行代码运行结束后，在后面的训练程序中就可以直接使用net来作为网络的接口。需要注意的是，这里使用的是GPU进行训练，GPU对于图像样本来说可以大大提高训练速度。

训练部分的核心代码与分类问题实战中的代码并没有太大区别，只不过这次要使用小批次训练的方法对网络进行训练，这需要用到epoch和iterations。在设置训练循环时，需要类似这样书写代码：

```
samplenum = 140                                          # 样本总数(训练集总数)
minibatch = 35                                           # 小批次样本大小

w_HR = 128                                               # 样本尺寸
x0 = np.zeros(minibatch * 3 * w_HR * w_HR)
x0 = np.reshape(x0, (minibatch, 3, w_HR, w_HR))          # 创建小批次空白样本
y0 = np.zeros(minibatch)                                 # 创建小批次空白标签
x0 = torch.tensor(x0).type(torch.FloatTensor).cuda()
y0 = torch.tensor(y0).type(torch.LongTensor).cuda()      # 将小批次样本和标签传入GPU


for epoch in range(1000):                                # epoch循环
    for iterations in range(int(samplenum / minibatch)):  # iterations循环
        k = 0
        for i in range(iterations * minibatch, iterations * minibatch + minibatch):
                                                         # 部分样本赋值给x0的循环

            x0[k, 0, :, :] = x[i, 0, :, :]
            x0[k, 1, :, :] = x[i, 1, :, :]
            x0[k, 2, :, :] = x[i, 2, :, :]
            y0[k] = y[i]                                 # 小批次标签
            k = k + 1

        out = net(x0)                                    # 实际输出
        loss = loss_func(out, y0)                        # 实际输出和期望输出传入损失函数
        optimizer.zero_grad()                            # 清除梯度
        loss.backward()                                  # 误差反向传播
        optimizer.step()                                 # 优化器开始优化
```

这里之所以采用两个循环来进行训练，是因为样本数量较大，一次性全部送入网络中进行训练，可能会导致系统内存不足或训练效果不佳。上述代码实现了每次送入35个样本，即1个iteration中有35个样本被供给网络进行训练学习，x0和y0用来临时存储这35个样本和它们对应的35个标签。一个epoch中一共会经历4个iteration，因为140 / 35 = 4。清楚这种小批次的训练方法，是理解该训练程序的关键。

在训练网络的过程中,可以直接输出一些中间结果,也可以使用Matplotlib包进行可视化显示。在loss值基本不再发生大幅度变化时,说明网络已经训练完成。

8.2.5 测试网络

网络训练完成后,使用torch.save()接口把训练好的网络整个保存,"整个保存"是指包括结构及参数。保存成功后,就可以直接引用保存的.pkl文件而不用重新定义网络结构。例如:

```
net = torch.load('net.pkl')                              # 导入训练好的网络
```

接下来引入测试集数据,同时也需要给测试集数据标上标签,这样才能判断网络是否识别正确,从而计算准确率。例如:

```
x = np.load(file="cat_test_set.npy") / 255               # 载入测试集并进行简单归一化
x = torch.tensor(x).type(torch.FloatTensor).cuda()       # 转换成Tensor变量并传入GPU
y1 = torch.zeros(30)
y2 = torch.ones(30)
y0 = torch.cat((y1, y2))                                  # 设置标签用来计算准确率
```

注意:因为之前的训练程序中网络是被传入GPU后再进行保存的,所以同时保存了GPU属性。所以在测试时,需要将测试集数据传入GPU中。

接下来只需将测试集传入网络中即可得到网络判断的结果。与之前的分类问题实战类似,可以直接使用torch.max()接口返回最大值坐标作为最后的判断结果,只不过在进行判断之前,需要将GPU中的数据传回CPU,并且转换成numpy数组。例如:

```
a1 = torch.max(y, 1)[1].cpu().data.numpy()               # 数据传回CPU,返回数字较大的坐标
a2 = y0.data.numpy()                                     # 标签转换成numpy数组
print(f'准确率:{sum(a1 == a2)/60}')                       # 输出准确率
```

8.3 完整程序及运行结果

8.2节详细地讨论了本次实战的每一部分程序的细节和整体思路,本节将给出比较标准的完整程序代码及其运行过程和结果。

8.3.1 构建样本集程序

8.2.1小节已经讨论了构建样本集的思路和细节,本小节介绍构建样本集的完整程序及一些注意事项。构建样本集的完整程序如代码8-1所示。

代码8-1　构建样本集程序

```python
import cv2 as cv                                               # 导入OpenCV模块
import numpy as np                                             # 导入numpy模块
import os                                                      # 导入os模块


if __name__ == '__main__':
    # 输入x的长宽
    l_x = 128

    # 样本数量
    m = 200                                                    # 样本总数
    m1 = 70                                                    # 训练集数量
    m2 = 30                                                    # 测试集数量
    train_set = np.zeros(m1*2 * l_x * l_x*3)                   # 创建零矩阵
    train_set = np.reshape(train_set, (m1*2, 3, l_x, l_x))     # 重塑成可以存储图像的形状
    test_set = np.zeros(m2*2 * l_x * l_x*3)                    # 创建零矩阵
    test_set = np.reshape(test_set, (m2*2, 3, l_x, l_x))       # 重塑成可以存储图像的形状
    sucess_mark = 0                                            # 成功标记
    # 构建训练集
    for i in range(m1):
        path1 = f'./sample/cat.{i}.jpg'                        # 路径
        path2 = f'./sample/dog.{i}.jpg'
        if os.path.exists(path1) & os.path.exists(path2):      # 判断两个路径是否存在
            img1 = cv.imread(path1)
            img2 = cv.imread(path2)                            # 读取两个图像(一张猫、一张狗)
            img1 = cv.resize(img1, (l_x, l_x))
            img2 = cv.resize(img2, (l_x, l_x))                 # 将图像调整到规定尺寸
            train_set[i, 0, :, :] = img1[:, :, 0]
            train_set[i, 1, :, :] = img1[:, :, 1]
            train_set[i, 2, :, :] = img1[:, :, 2]              # 赋值给训练集矩阵
            sucess_mark += 1                                   # 成功标记加一
            print("\r" + f'训练集总数:{m1*2},当前第{(i+1)*2}个', end="", flush=True)
            train_set[m1+i, 0, :, :] = img2[:, :, 0]
            train_set[m1+i, 1, :, :] = img2[:, :, 1]
            train_set[m1+i, 2, :, :] = img2[:, :, 2]           # 赋值给训练集矩阵
            sucess_mark += 1                                   # 成功标记加一
        else:                                                  # 路径不存在的情况
            print(f'路径{path1}或{path2}不存在! ')
            break                                              # 报错之后直接跳出循环
    print('')                                                  # 换行格式

    # 构建测试集
    for i in range(70, 100):
        path1 = f'./sample/cat.{i}.jpg'                        # 路径
        path2 = f'./sample/dog.{i}.jpg'
        if os.path.exists(path1) & os.path.exists(path2):      # 判断路径是否存在
            # 读取图像并转换成灰度图
            img1 = cv.imread(path1)
            img2 = cv.imread(path2)
```

```
            img1 = cv.resize(img1, (l_x, l_x))
            img2 = cv.resize(img2, (l_x, l_x))
            test_set[i-70, 0, :, :] = img1[:, :, 0]      # 赋值给测试集矩阵
            test_set[i-70, 1, :, :] = img1[:, :, 1]      # 赋值给测试集矩阵
            test_set[i-70, 2, :, :] = img1[:, :, 2]      # 赋值给测试集矩阵
            sucess_mark += 1
            print("\r" + f'测试集总数:{m2*2},当前第{(i-70+1)*2}个', end="", flush=True)
            test_set[m2+i-70, 0, :, :] = img2[:, :, 0]  # 赋值给测试集矩阵
            test_set[m2+i-70, 1, :, :] = img2[:, :, 1]  # 赋值给测试集矩阵
            test_set[m2+i-70, 2, :, :] = img2[:, :, 2]  # 赋值给测试集矩阵
            sucess_mark += 1
        else:
            print(f'路径{path1}或{path2}不存在! ')
            break
    print('')
    if sucess_mark == 200:                       # 如果成功标记个数为样本总数,则保存两个数据集
        np.save('cat_train_set.npy', train_set)
        np.save('cat_test_set.npy', test_set)
        print('生成成功! ')
```

该程序与6.6节中的构建数据集程序的思路完全相同,只是这里有两种路径需要处理且通道数变成了三个。因为猫和狗的图像名称不同,所以需要分别对两种不同的路径进行动态更改以读取图像并赋值。这种动态改变路径不需要使用os模块进行文件读取,直接使用f格式便可以轻松完成。

程序中间使用了if语句来对两个路径是否存在进行判断,用到了os模块中的path接口,需要判断两个路径都存在才能正常进行,有一个不存在则不会进入if循环下的其他语句。

该程序的输出结果是在当前的文件夹下新生成了两个.npy文件,分别是训练集和测试集,如图8.5所示。

cat_test_set.npy	2020/2/17 10:16	NPY 文件	23,041 KB
cat_train_set.npy	2020/2/17 10:16	NPY 文件	53,761 KB

图8.5　代码8-1生成的文件

8.3.2　测试样本集程序

8.2.2小节讨论了测试访问cat.69和dog.70的一个细节,本小节将给出完整的测试程序,如代码8-2所示。

代码8-2　测试样本集程序

```
import cv2 as cv                          # 导入OpenCV模块
import numpy as np                        # 导入numpy模块

train_set = np.load('cat_train_set.npy')  # 读取训练集
test_set = np.load('cat_test_set.npy')    # 读取测试集
img1 = train_set[69, 0, :, :]             # 训练集第70个图像
```

```
img2 = test_set[30, 0, :, :]              # 测试集第31个图像
img1 = img1.astype(np.uint8)
img2 = img2.astype(np.uint8)              # 由float型转换成uint8
cv.imshow('cat.69.jpg', img1)
cv.imshow('dog.70.jpg', img2)             # 显示图像
cv.waitKey(0)
```

上述代码的运行结果如图8.6所示,结果显示的两张图像刚好对应样本集中的cat.69和dog.70。
图8.6所示结果实际上显示的是每个图像的B通道,因为通道位置的0代表B通道,这里只需显示这一
个通道便可以看出图像是否对应。

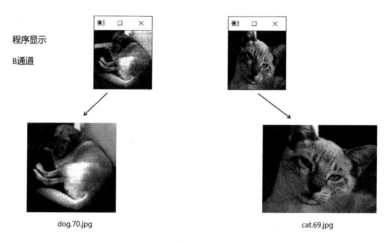

图8.6　代码8-2的运行结果

8.3.3　构建网络程序

8.2.3小节讨论了根据猫狗识别问题设计出的网络结构,本小节介绍其具体实现。构建网络的完整程序如代码8-3所示。

代码8-3　识别猫狗的卷积神经网络模型

```
import torch.nn as nn                     # 导入torch.nn模块


class ICNET(nn.Module):                    # 定义类,存储网络结构
    def __init__(self):
        super(ICNET, self).__init__()
        self.ConvNet = nn.Sequential(      # nn模块搭建卷积网络
            nn.Conv2d(in_channels=3, out_channels=8, kernel_size=3, stride=1, padding=1,
                    bias=False),           # 尺寸:128,128,8
            nn.ReLU(inplace=True),
            nn.Conv2d(in_channels=8, out_channels=8, kernel_size=3, stride=1, padding=1,
                    bias=False),           # 尺寸:128,128,8
            nn.ReLU(inplace=True),         # ReLU激活函数
```

```
            nn.MaxPool2d(kernel_size=2, stride=2, padding=0),    # 尺寸:64,64,18
        )

        self.LinNet = nn.Sequential(            # nn模块搭建网络
            nn.Linear(64*64*8, 1000),           # 全连接层
            nn.ReLU(inplace=True),              # ReLU激活函数
            nn.Linear(1000, 1000),
            nn.ReLU(inplace=True),
            nn.Linear(1000, 2),
            nn.Softmax(dim=1)                   # Softmax分类激活函数
        )

    def forward(self, x):                       # 定义前向传播过程
        x = self.ConvNet(x)                     # 将x传入卷积网络
        x = x.view(x.size(0), 64*64*8)          # 展成一维数组
        out = self.LinNet(x)                    # 通过全连接层
        return out                              # 返回预测值
```

在这个完整的网络程序中，给每个ReLU函数都增加了一个inplace参数，该参数为True表示每次进行ReLU函数的计算时都进行覆盖操作。什么是覆盖操作呢？看了下面的这个例子读者就会立刻明白。

例如，想给x的值加一，可以有两种写法。一种就是覆盖赋值的写法，如下：

```
x = x + 1                                       # 覆盖赋值,加一
```

这样写的好处是没有引入其他变量，在内存中申请空间时不用申请新的空间，从而节省了内存空间。另一种写法如下：

```
y = x + 1                                       # 给x加一赋值给y
x = y                                           # 将y赋值给x
```

这种写法的缺点在于，需要给y也申请一段内存空间，而这段内存空间是采用覆盖赋值方法所不需要申请的，如果数据量特别大，会导致内存空间的浪费。

这个原理同样也可以运用在ReLU函数的计算上。网络在每次训练时，数据通过ReLU函数都会得到一个新的值，给inplace赋值为True就会直接覆盖赋值，不会申请新的内存空间，从而大大节省了内存空间。

细心的读者一定会发现，在定义网络前向传播过程的函数中也用到了一个新接口，即view()。为了能够让读者更加容易理解该接口的作用，下面先来看一下整个前向传播函数都做了什么。首先接收到输入，并将它传入ConvNet中。ConvNet是卷积神经网络，输入时单个样本的尺寸是$128 \times 128 \times 3$，经过了两次卷积核一次池化之后输出的单个样本尺寸为$64 \times 64 \times 3$。该输出被再次赋值给x，这其实也是一种覆盖赋值。接着view()接口对x进行了某些操作，然后x被传入了LinNet中。LinNet是全连接网络，输入是$64 \times 64 \times 3$的一维数组，而输出是尺寸为2的一维数组。把这个结果赋值给out，最后返回，这就是前向传播程序的全部过程。

从上面的过程中可以看到，view()接口是在数据从卷积网络传向全连接网络的过程中发挥作用。

如图 8.7 所示, 数据在卷积网络中是一个尺寸为 $128 \times 128 \times 3$ 的张量, 即三维矩阵, 而全连接层的输入要求是一个一维数组, 所以 view() 接口的作用就是将一个张量转换成一维数组。

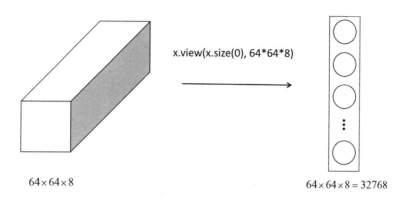

$$x.view(x.size(0), 64*64*8)$$

$64 \times 64 \times 8$ $64 \times 64 \times 8 = 32768$

图 8.7   view() 接口起到的作用

简单来说, view() 接口的功能与 numpy 模块中的 reshape() 并无太大区别, 它也用于重塑数组形状, 只不过 view() 属于 torch 模块中的一个接口, 是用来重塑 Tensor 变量形状的一个函数。这里的 x = x.view(x.size(0), 64*64*8), 传入了两个参数, 这两个参数就代表将 x 重塑之后的尺寸。其中, x.size(0) 代表最小批次, 即训练程序中设置的 minibatch 参数; 第二个参数代表 Tensor 变量展开成一维数组的元素个数。实际上, 我们每次学习的并不是一个样本, 这里的 x 其实是一个 minibatch $\times 64 \times 64 \times 8$ 的二维数组。之所以说 view() 起到了将特征图展成一维数组的作用, 是因为对于一个样本来说, 它确实起到了这样的作用。

如果读者仍无法理解上述的内容, 那么可以记住其固定写法, 并且记住图 8.7 所示的内容。相信在多次实践之后, 读者就会对 view() 接口理解得更加深刻。

8.3.4 训练网络程序

8.2.4 小节讨论了训练程序引用网络及小批次训练的方法, 本小节将给出训练网络的完整程序, 如代码 8-4 所示。

代码 8-4   训练网络程序

```
from net_model import ICNET              # 导入网络模型
import torch                             # 导入 torch 模块
import torch.nn as nn                    # 导入 torch.nn 模块
import numpy as np                       # 导入 np 模块

net = ICNET().cuda()                     # 将网络传入 GPU
x = np.load(file="cat_train_set.npy") / 255   # 载入训练集并进行简单归一化
x = torch.tensor(x).type(torch.FloatTensor).cuda()   # 转换成 Tensor 变量并传入 GPU
y1 = torch.zeros(70)
```

```
y2 = torch.ones(70)
y = torch.cat((y1, y2)).type(torch.LongTensor)
optimizer = torch.optim.SGD(net.parameters(), lr=0.03)   # 设置优化器
loss_func = nn.CrossEntropyLoss()                         # 设置损失函数

samplenum = 140                                           # 样本总数(训练集总数)
minibatch = 35                                            # 小批次样本大小

w_HR = 128                                                # 样本尺寸
x0 = np.zeros(minibatch * 3 * w_HR * w_HR)
x0 = np.reshape(x0, (minibatch, 3, w_HR, w_HR))           # 创建小批次空白样本
y0 = np.zeros(minibatch)                                  # 创建小批次空白标签
x0 = torch.tensor(x0).type(torch.FloatTensor).cuda()
y0 = torch.tensor(y0).type(torch.LongTensor).cuda()       # 将小批次样本和标签传入GPU


for epoch in range(1000):                                 # epoch循环
    for iterations in range(int(samplenum / minibatch)):  # iterations循环
        k = 0
        for i in range(iterations * minibatch, iterations * minibatch + minibatch):
                                                          # 部分样本赋值给x0的循环

            x0[k, 0, :, :] = x[i, 0, :, :]
            x0[k, 1, :, :] = x[i, 1, :, :]
            x0[k, 2, :, :] = x[i, 2, :, :]
            y0[k] = y[i]                                  # 小批次标签
            k = k + 1

        out = net(x0)                                     # 实际输出
        loss = loss_func(out, y0)                         # 实际输出和期望输出传入损失函数
        optimizer.zero_grad()                             # 清除梯度
        loss.backward()                                   # 误差反向传播
        optimizer.step()                                  # 优化器开始优化
    if epoch % 50 == 0:                                   # 每50epoch显示
        print(f'epoch:{epoch},loss:{loss}')
torch.save(net, 'net.pkl')                                # 保存网络
```

本次实战采用GPU训练。如果仍然想要采用CPU,则可以将程序中的所有cuda()接口去掉。这里采用的小批次为35,读者也可以自行更改调试。上述代码的运行结果如下:

```
epoch:0,loss:0.6970736980438232
epoch:50,loss:0.6891613602638245
epoch:100,loss:0.6847918033599854
epoch:150,loss:0.6669749021530151
epoch:200,loss:0.5684744715690613
epoch:250,loss:0.37974247336387634
epoch:300,loss:0.31808942556381226
epoch:350,loss:0.3138435482978821
epoch:400,loss:0.31355059146881104
epoch:450,loss:0.3134502172470093
epoch:500,loss:0.3133985698223114
epoch:550,loss:0.3133677840232849
```

```
epoch:600,loss:0.3133479058742523
epoch:650,loss:0.313334196805954
epoch:700,loss:0.31332382559776306
epoch:750,loss:0.31331589818000793
epoch:800,loss:0.3133098781108856
epoch:850,loss:0.3133051097393036
epoch:900,loss:0.31330129504203796
epoch:950,loss:0.3132978677749634
```

该程序运行结束后还保存了训练好的网络,保存为net.pkl文件。从整个结果中可以看出,在经过了约300epoch的训练之后,loss值基本平稳在0.31左右,说明这时网络训练的损失函数基本收敛,基本可以断定网络训练完毕。

8.3.5　可视化训练过程

在8.3.4小节中,我们采用print()函数直接输出训练的中间过程,这样做虽然能看到loss值的大致变化过程,但是并不直观,所以本小节考虑使用图像来显示中间的训练过程。

该可视化的过程同样是动态绘图过程,需要导入matplotlib模块并且打开交互模式。为了显示得更加直观,这里用折线图来显示,即plot()接口。把epoch作为横坐标,loss作为纵坐标,这样可以在一个时间线上观察到loss值的变化。该训练过程的实现代码与代码8-4基本一致,只是需要在epoch循环的前面新建两个数组来存储坐标,如下:

```
plt.ion()        # 打开交互模式
x_plt = [0]      # x坐标
y_plt = [0]      # y坐标
```

这三行代码放置的最佳位置就是训练中for循环的前面,然后只需在for循环中的if语句下稍做添加就可以实现可视化,如下:

```
if epoch % 50 == 0:                              # 每50次显示
    plt.cla()                                    # 清除上一次绘图
    plt.xlim((0, 1000))                          # 设置x坐标范围
    plt.xlabel('epoch')                          # x轴的标题
    plt.ylim((0, 1))                             # 设置y坐标范围
    plt.ylabel('loss')                           # y轴的标题
    x_plt.append(epoch)                          # 增加x坐标
    y_plt.append(loss.data)                      # 增加y坐标
    plt.plot(x_plt, y_plt, c='r', marker='x')    # 绘制折线图
    print(f'epoch:{epoch},loss:{loss}')          # 输出中间过程
    plt.pause(0.1)                               # 停留显示
```

其中,append()接口是Python内置的一个接口,它的作用是在数组里添加新的元素。因为每50个epoch画一次图,每画一次图都有一个新的loss值和epoch值,所以需要把它们增加到数组中,最后才能画图显示出来。

当然,如果想让最后的结果停留显示,那么在for循环后还需要添加如下代码:

```
plt.ioff()                                       # 关闭交互模式
plt.show()                                       # 显示最后一幅图
```

经过可视化修改后，训练程序运行的可视化过程如图8.8所示。

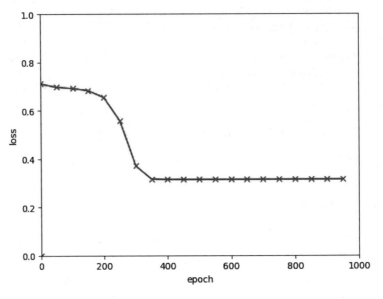

图 8.8　可视化训练过程

从图 8.8 中可以看出，训练大概在进行到 200epoch 时，loss 值开始大幅度的下降，到了 400epoch，loss 值基本稳定在 0.3 左右，这代表网络在 400epoch 时已经基本训练完成。

8.3.6　测试网络程序

8.2.5 小节已经讨论了测试神经网络的思路，本小节展示测试网络的完整程序，如代码 8-5 所示。

代码 8-5　识别猫的卷积神经网络测试程序

```
import torch                                    # 导入torch模块
import numpy as np                              # 导入np模块

net = torch.load('net.pkl')                     # 导入训练好的网络
x = np.load(file="cat_test_set.npy") / 255      # 载入测试集并进行简单归一化
x = torch.tensor(x).type(torch.FloatTensor).cuda()  # 转换成Tensor变量并传入GPU
y1 = torch.zeros(30)
y2 = torch.ones(30)
y0 = torch.cat((y1, y2))                         # 设置标签用来计算准确率

y = net(x)                                       # 输入网络得到结果

a1 = torch.max(y, 1)[1].cpu().data.numpy()       # 数据传回CPU，返回数字较大的坐标
a2 = y0.data.numpy()                             # 标签转换成numpy数组
print(f'准确率:{sum(a1 == a2)/60}')              # 输出准确率
```

该程序运行成功之后会直接输出网络识别测试集的准确率。某次训练的结果如下：

准确率:0.5666666666666667

注意:该准确率并不总是这个值,这取决于网络训练的过程中参数的变化情况。

8.3.7　模拟实际运用

本小节编写一个程序来模拟该实战的实际运用。在实际运用时,一般不会直接有一个测试集来作为程序的输入,最后计算出识别猫狗的准确率;而是会给程序输入一张图,让程序来判断到底是猫还是狗。实现这个模拟运用的程序如代码8-6所示。

代码8-6　模拟实际运用程序

```
import torch                                      # 导入torch模块
import numpy as np                                # 导入np模块
import cv2 as cv                                  # 导入cv模块

net = torch.load('net.pkl')                       # 导入训练好的网络
img = cv.imread('./sample/dog.20.jpg')            # 读取图像
img0 = cv.resize(img, (128, 128))                 # 更改图像尺寸
x = np.zeros(128*128*3)                           # 新建空白输入
x = np.reshape(x, (1, 3, 128, 128))               # 调整成输入规定的维度
x[0, 0, :, :] = img0[:, :, 0]/255
x[0, 1, :, :] = img0[:, :, 1]/255
x[0, 2, :, :] = img0[:, :, 2]/255                 # 赋值输入并进行简单归一化
x = torch.tensor(x).type(torch.FloatTensor).cuda()  # 转换成Tensor变量并传入GPU

y = net(x)                                        # 输入网络得到结果

max_num = torch.max(y, 1)[1]                       # 返回最大值的下标
if max_num == 0:                                   # if语句判断显示精确结果
    print('识别结果:图像中是猫')
    str = 'cat'
else:
    print('识别结果:图像中是狗')
    str = 'dog'
cv.imshow(f'{str}', img)                          # 显示原始图像
cv.waitKey(0)                                     # 定格显示
```

这段程序中,为了最后能够显示,用img0来存储改变尺寸后的图像,并保存之前的原始图像。使用cv.imread()来读取待识别的图像。该程序与之前的测试程序最大的区别就是,它每次识别的并不是整个测试集,而是任意一个图像,并且最后使用if语句来将坐标转换成相应的输出,输出结果更加直观,并且采用了f格式,使其与显示图像的标题产生联系。

这里需要注意的是,在构建空白输入时,一定不能缺少第一个维度,即使这里的样本数量是1。还要注意下标的使用,在给x赋值时,前两个下标都为0而不是1,这里很容易写错。

上述代码的运行结果如图8.9所示。

图 8.9　代码 8-6 的运行结果

当然,读取不同的图像会显示不同的结果,有兴趣的读者可以找一张样本集以外的猫或狗的图像传入网络,试试网络能否成功识别。

8.4　对结果的思考

在本章的最后,再次回顾 8.3 节的完整程序,对一些程序最后的运行结果进行深入思考,看能否思考出一些新的问题,以及为什么会出现这些问题。完成了这些思考,会让实战更有意义。

8.4.1　训练集和测试集准确率的对比

在 8.3.6 小节中,我们最后计算出了测试集的准确率,大约为 56.7%。那么,训练集的准确率是多少呢? 我们可以对代码 8-5 稍做更改来计算训练集的准确率,如下:

```python
import torch                                      # 导入torch模块
import numpy as np                                # 导入np模块

net = torch.load('net.pkl')                       # 导入训练好的网络
x = np.load(file="cat_train_set.npy") / 255       # 载入测试集并进行简单归一化
x = torch.tensor(x).type(torch.FloatTensor).cuda() # 转换成Tensor变量并传入GPU
y1 = torch.zeros(70)
y2 = torch.ones(70)
y0 = torch.cat((y1, y2))                           # 设置标签用来计算准确率
```

```
y = net(x)                                          # 输入网络得到结果
a1 = torch.max(y, 1)[1].cpu().data.numpy()          # 数据传回CPU,返回数字较大的坐标
a2 = y0.data.numpy()                                # 标签转换成numpy数组
print(f'准确率:{sum(a1 == a2)/140}')                 # 输出准确率
```

上述代码的输出结果如下：

准确率:1.0

输出结果表明,训练集的准确率为100%。输出 a1,验证准确率,如下：

```
[0 0 0 0 0 0 0 0 0 0 0 0 0 0 0 0 0 0 0 0 0 0 0 0 0 0 0 0 0 0 0 0
 0 0 0 0 0 0 0 0 0 0 0 0 0 0 0 0 0 0 0 0 0 0 0 0 0 0 0 0 0 1 1 1 1
 1 1 1 1 1 1 1 1 1 1 1 1 1 1 1 1 1 1 1 1 1 1 1 1 1 1 1 1 1 1 1 1 1
 1 1 1 1 1 1 1 1 1 1 1 1 1 1 1 1 1 1 1 1 1 1 1 1 1 1]
```

没错,我们的网络确实可以非常准确地判断训练集中的图像是猫还是狗,准确率甚至可以达到100%。因为在之前的训练过程中,在loss值已经基本收敛不再改变的情况下,我们仍然训练了很长一段时间。在训练集数量并不是很大的情况下,这样延长的训练会使得网络的参数被优化得更加合适,以至于能够获得完全准确的训练集数据。

8.4.2 准确率低的原因

测试集的准确率为什么会这么低呢？其实,造成准确率低的原因有很多,下面用一个实际的例子来简单说明测试集准确率低的可能原因。例如,现在让一个不认识猫和狗的小朋友学习分辨猫狗,我们只给他10张图像进行学习,10张图像中猫狗各占一半,图像中的狗的图像毛色都是棕色,猫的图像毛色都是灰色,每个图像都标了标签,然后让小朋友自己学习,那么结果会怎么样呢？

结果一定是,当小朋友认为自己已经认识了猫狗时（网络训练好时）,在给他的10张图像中随便选一张,他能轻松地分辨猫狗;但如果给他这10张图像以外的1张图像,他可能就不能准确地分辨了。例如,给他一张灰色的狗的图像,他可能会判断这是一张猫的图像,因为在他曾经学习到的猫的图像中,毛色就是灰色的。

总结上面的实际例子,让小朋友分辨不出猫狗的原因有两个。

（1）训练集数量太少。

（2）训练集不够全面,学习到的特征过于绝对。

其中,第二点可以理解为过拟合问题,第一点也可以是导致第二点的原因。我们只有10张图像,就企图让小朋友分辨出所有的猫狗,这10张图像中猫的毛色都一样,狗的毛色也都一样,没有普遍性,最终导致小朋友只能通过毛色来分辨猫狗,这也是网络分辨测试集时准确率比较低的原因。

训练集数量越少,学到的特征也会越少,越容易趋于绝对化。另外,训练集能代表最普遍的样本这一点也是十分重要的,只有这种比较全面的训练集,才能让网络尽可能地学习到所有的与分辨猫狗

有关的特征。

这里暂不讨论过拟合问题,有兴趣的读者可以翻阅第11章自行阅读。

8.4.3　训练过程的启示

在8.3.5小节中已经简单分析了图8.8所示的可视化训练过程,在大约400epoch之后,loss值基本趋于平稳,不再变化,但是最后仍完成了后面600次的训练,并没有在网络已经基本训练好的情况下及时结束训练。

我们可以对程序进行一些小改进来避免过多的重复训练。例如,可以在训练for循环中添加if语句来判断loss值是否小于某个值,如果小于该值,就用break语句跳出循环,提前结束训练。当然,也可以判断epoch值是否大于某个值。

另一种比较复杂但很有用的做法是,每隔几次训练来判断loss值的变化值,当变化值连续多次小于一定值时便可以停止训练。

对于这些启示,本小节不再讨论具体实现代码,但有兴趣的读者可以自己尝试。

8.5　小结

本章详细讲述了一个解决猫狗识别问题的神经网络实战项目的具体思路、实现程序的有关注意事项及完整的实现程序。相信读者在跟随笔者一步一步实现让计算机自己识别猫狗图像时,对之前知识的理解和运用能力会进一步提升。学完本章后,读者应该能够回答以下问题:

(1) 什么是计算机视觉?

(2) 本次实战的数据集需要使用什么样的数组进行构造?

(3) 要想减少一半尺寸的特征图,应该如何设置池化层?

(4) 如何连接卷积层与全连接层?

(5) 如何引入其他程序中的函数或类?

(6) 如何实现训练过程的可视化?

(7) 本次实战最后测试集的准确率为什么这么低?

(8) 如何缩短训练时间?

第 9 章

一些经典的网络

　　本章是神经网络进阶的开篇,将介绍历史上一些经典的神经网络模型。经典的神经网络模型中,有些尽管年代久远,但是对于我们仍有极大的参考价值。本章将一步一步深入了解经典网络的结构、特点,剖析其中的奥秘。本章最后将会考虑如何在 Python 中实现这些网络及如何改进这些网络,并让它们很好地服务于自己的网络。

本章主要涉及的知识点

- ♦ LeNet-5 网络模型结构与特点。
- ♦ 三维卷积与多维卷积。
- ♦ LeNet-5 网络的改进与代码实现。
- ♦ AlexNet 网络模型结构与特点。
- ♦ Same 卷积与 Softmax 分类器。
- ♦ 用 Python 实现 AlexNet 网络。
- ♦ VGG16 网络模型结构与特点。

9.1 LeNet-5 网络模型

本节介绍入门级经典卷积神经网络 LeNet-5 模型，理解该模型是学习其他经典模型的基础。在了解这一经典网络模型之后，读者可以开始尝试模仿它并搭建属于自己的神经网络。

9.1.1 LeNet-5 网络简介

LeNet-5 网络堪称卷积神经网络的经典之作和开山之作，它最早在 1998 年被 Yann LeCun 等人发表在一篇名为 *Gradient-Based Learning Applied to Document Recognition* 的论文上。从论文标题中也可以看出，LeNet-5 主要用于手写字符的识别，虽然它的识别性能很高，但是在其发表之后的数十年里 LeNet-5 并没有流行起来，最主要的原因是当时计算机的计算能力有限，人们对于训练规模如此之小的网络也会有一些困难。

LeNet-5 网络的规模虽然很小，但是它基本蕴含了本书目前所讲到的所有知识，如卷积层、池化层、全连接层等。

9.1.2 LeNet-5 网络结构

LeNet-5 网络共包括两个卷积层、两个池化层、两个全连接层，如图 9.1 所示。它的输入是一个 32×32 的灰度图像；输出则有 10 个分类，分别代表 10 个手写字符 0~9。

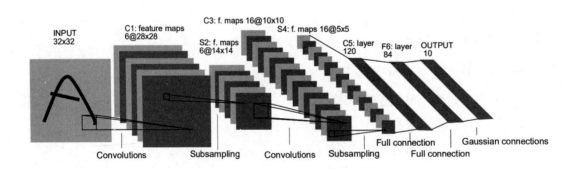

图 9.1　LeNet-5 网络结构

1. 卷积层与池化层

下面介绍一些 LeNet-5 网络的卷积层与池化层的细节。首先输入尺寸为 32×32 的灰度图像，与输入层连接的是第一个卷积层，把它记作 C1，它采用的是 6 个 5×5 的卷积核，步长为 1。由式(9.1)可以计算出 C1 输出的特征图的尺寸为 28×28。

$$o = \frac{(i - f + 2p)}{s} + 1 \qquad (9.1)$$

式中, f 和 s 分别为卷积核的尺寸及步长。

注意:式(9.1)中的 p 取0。读者如对卷积的其他有关概念不清楚,可参阅2.8节。

LeNet-5网络并没有给输入层加上边界之后再进行卷积,其中一个原因是当时人们还不习惯进行加Padding的卷积操作;另一个原因就是,这样做可以很大程度地减少图像尺寸,这对于当时的计算机的运算速度来说,是一个需要重点考虑的方面。

由于使用了6个卷积核进行卷积,因此会得到通道数为6的特征图,所以尺寸记为 $28 \times 28 \times 6$。也就是说,经过了一层卷积,得到的图像尺寸虽然变小了,但是深度却增加了。

卷积层之后是第一个池化层,而在这篇论文写成的年代,人们普遍比较喜欢用平均池化的方法,所以LeNet-5网络的所有池化操作都采取了平均池化。将第一个池化层记作S1,池化层的平均池化的模板尺寸选择 2×2,即每次做完池化,整体的图像的长和宽刚好变为原来的一半。所以,经过了S1层以后得到的特征图的尺寸为 $14 \times 14 \times 6$。池化操作并不会改变特征图的深度,即通道数不会改变。

注意:图9.1中的英文Subsampling表示下采样,即池化层,也可以写作Pooling。

接着的两层C2、S2的卷积和下采样的过程与前面完全一样,但是细心的读者一定会发现,C2层得到的特征图的通道数变成了16,这也是初学卷积神经网络最难理解的一个地方。此处可以先简单地理解为,S1输出的特征图做了一些卷积操作以后得到了尺寸为 $10 \times 10 \times 16$ 的特征图,至于通道数为什么会变成16,将会在后面的小节中做进一步解释。

2. 全连接层

经过了C1、S1、C2、S2之后,得到的输出的特征图尺寸是 $5 \times 5 \times 16$。为了能够让该特征图进入LeNet-5网络的全连接层,需要先将它展开成一个一维矩阵,矩阵的大小为400。这是因为我们需要把每一个点展开,计算方法就是 $5 \times 5 \times 16 = 400$。

接着把与卷积池化层相连的第一个隐含层记作C5,它由120个神经元构成,激活函数采用Tanh或Sigmoid函数。第二个隐含层记作F6,它由更少的84个神经元构成,激活函数与上一层相同。最后采用10个节点输出结果。这里采用了一种较为特殊的分类器,但是现在已不再使用,所以可以把它当成Softmax分类器,用于输出 $0 \sim 9$ 手写字符的分类。

总结LeNet-5网络的结构,如下:

(1) C1层使用6个 5×5 卷积核,做步长为1的卷积,激活函数使用Tanh或Sigmoid函数,且有偏置值。

(2) S1层做 2×2 的平均池化。

(3) C2层使用16个 5×5 卷积核,做步长为1的卷积,激活函数使用Tanh或Sigmoid函数,且有偏置值。

（4）S2层做2×2的平均池化。

（5）C5层有120个神经元，激活函数使用Tanh或Sigmoid函数，且有偏置值。

（6）F6层有84个神经元，激活函数使用Tanh或Sigmoid函数，且有偏置值。

（7）分类器有10个分类输出。

9.1.3 三维卷积

为了能够理解C2层得到的特征图的通道数为什么是16，需要首先了解三维卷积。

第2章已经系统介绍过卷积原理，那么什么是三维卷积呢？

图9.2所示是一个三维卷积核示例。

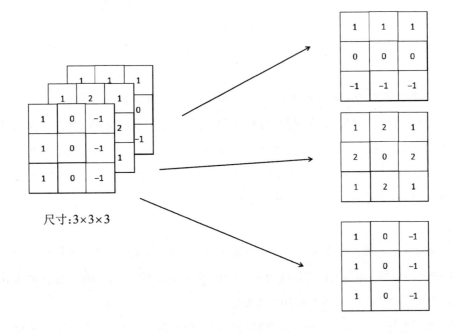

图9.2 三维卷积核示例

从图9.2中不难看出，该卷积核是有深度的，即前文中见到的卷积核的尺寸为$f \times f \times 1$，而该卷积核的尺寸为$f \times f \times 3$。用这样一个三通道的卷积核在图像上滑动提取特征的过程就是三维卷积。

注意：本书的三维卷积的概念只是针对卷积核的通道数提出的，而在利用PyTorch书写代码时，还应该使用Conv2d()函数。

接下来介绍三维卷积的工作过程，假如有图9.3所示的一幅RGB图像。

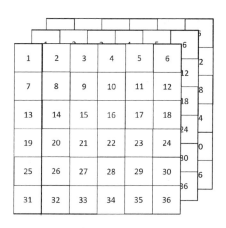

尺寸：6×6×3

图9.3 RGB图像示例

为了简单起见,规定这幅图像的每个通道上像素的灰度值都与第一个通道上的值相同。接下来采用图9.2所示的卷积核进行卷积,过程如图9.4所示。

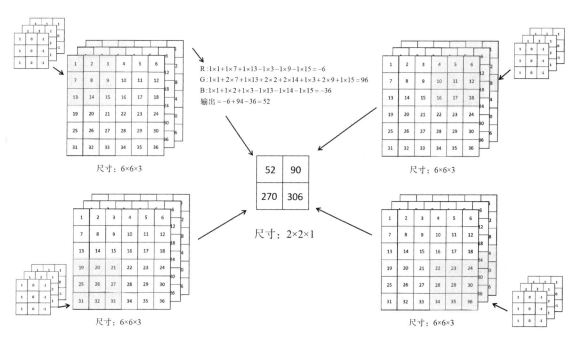

图9.4 三维卷积过程

下面详细分析特征图中的值52是如何来的。把卷积核滑动到图像上面,对三个通道分别用对应的卷积核进行卷积,会得到如下结果：

$$R: 1 \times 1 + 1 \times 7 + 1 \times 13 - 1 \times 3 - 1 \times 9 - 1 \times 15 = -6$$
$$G: 1 \times 1 + 2 \times 7 + 1 \times 13 + 2 \times 2 + 2 \times 14 + 1 \times 3 + 2 \times 9 + 1 \times 15 = 96$$
$$B: 1 \times 1 + 1 \times 2 + 1 \times 3 - 1 \times 13 - 1 \times 14 - 1 \times 15 = -36$$

对上面的结果进行求和,得到特征图的第一个元素,等式如下:

$$输出 = -6 + 96 - 36 = 54$$

得到剩下的4个像素的过程与此完全相同。该三维卷积核在整个图像滑动过一次之后,就可得到 $2 \times 2 \times 1$ 的特征图,如图9.5所示。

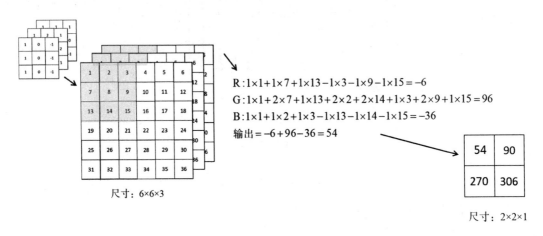

R:1×1+1×7+1×13−1×3−1×9−1×15=−6
G:1×1+2×7+1×13+2×2+2×14+1×3+2×9+1×15=96
B:1×1+1×2+1×3−1×13−1×14−1×15=−36
输出 = −6+96−36 = 54

尺寸:6×6×3

尺寸:2×2×1

图9.5　第一个像素的计算过程

以上过程说明,做三维卷积得到的特征图大小依然符合式(9.1),而且因为只用了一个三维卷积核,所以得到的特征图的通道就是 1 。也就是说,特征图的通道数等于上一层卷积核的个数。

9.1.4　多维卷积

将卷积核的通道数目由3推广到更多,就得到了多维卷积,其计算方法与三维卷积完全相同,这里不再赘述。

了解了多维卷积以后,读者就应该能够理解LeNet-5网络中C2层得到的特征图的个数为什么是16个了。C2层卷积层正是采用了16个尺寸为 $5 \times 5 \times 6$ 的卷积核对C1、S1层输出的尺寸为 $14 \times 14 \times 6$ 的特征图进行卷积,如图9.6所示。这样的卷积可以称为多维卷积,但是因为卷积核的个数是16个,所以得到的特征图的深度也为16。

了解了多维卷积的概念对理解其他著名网络模型会有很大的帮助。当然,如果读者实在不能理解,也不会影响自己写代码来实现卷积神经网络。希望读者能以LeNet-5网络为起点,开启对神经网络模型的深层探索。

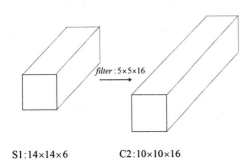

filter : 5×5×16

S1:14×14×6　　　　C2:10×10×16

图9.6　S1层到C2层特征图的变化

9.1.5　LeNet-5代码实现

为了更好地了解LeNet-5网络的结构,本小节将使用Python搭建一个LeNet-5网络。

首先导入PyTorch框架,这里直接导入torch包中的nn模块。导入该模块直接引作nn,以后直接用nn即可调用该模块。

```
import torch.nn as nn
```

接下来就可以搭建网络了。搭建网络的过程实际上是在Python中定义一个类,然后用nn模块来定义网络的每一层,具体代码如下:

```
class LeNet5(nn.Module):
    def __init__(self):
        super(LeNet5, self).__init__()
        self.conv1 = nn.Sequential(
            nn.Conv2d(                      # (1, 32, 32)
                in_channels=1,
                out_channels=16,
                kernel_size=5,
                stride=1,
                padding=0
            ),                              # (16, 28, 28)
            nn.ReLU(),
            nn.AvgPool2d(kernel_size=2)     # (16, 14, 14)
        )
        self.conv2 = nn.Sequential(
            nn.Conv2d(6, 16, 5, 1, 0),      # (16, 10, 10)
            nn.ReLU(),
            nn.AvgPool2d(2)                 # (16, 5, 5)
        )
        self.out = nn.Sequential(
            nn.Linear(16 * 5 * 5 , 120),
            nn.ReLU(),
            nn.Linear(120, 84),
            nn.ReLU(),
            nn.Linear(84, 10),
        )
```

注意:原LeNet-5网络中并没有采用ReLU函数作为激活函数,这里做了改进,改用ReLU函数。

在上面的代码中,把该网络定义成LeNet5,然后定义每个网络层,采用nn.Sequential快速搭建法。第一层卷积层(conv1)中,每个参数的名称都具体写了出来;而第二层卷积层(conv2)中采用简写法,在实际应用中,直接采用这种写法的好处是可以节省时间。在定义全连接层时,同样采用ReLU函数及快速搭建法。

接着定义前向传播函数,这部分也包括在整个类中,代码如下:

```
def forward(self, x):
    x = self.conv1(x)
    x = self.conv2(x)
    x = x.view(x.size(0), -1)       # 将输出化成一维向量
    output = self.out(x)
    return output
```

可以简单地把上述代码理解成将网络组织起来，最后返回一个输出。

最后输出网络，即可看到具体的结构，如下：

```
myNet = LeNet5()
print(myNet)
```

在PyCharm中的输出结果如图9.7所示。

```
LeNet5(
  (conv1): Sequential(
    (0): Conv2d(1, 6, kernel_size=(5, 5), stride=(1, 1))
    (1): ReLU()
    (2): AvgPool2d(kernel_size=2, stride=2, padding=0)
  )
  (conv2): Sequential(
    (0): Conv2d(6, 16, kernel_size=(5, 5), stride=(1, 1))
    (1): ReLU()
    (2): AvgPool2d(kernel_size=2, stride=2, padding=0)
  )
  (out): Sequential(
    (0): Linear(in_features=400, out_features=120, bias=True)
    (1): ReLU()
    (2): Linear(in_features=120, out_features=84, bias=True)
    (3): ReLU()
    (4): Linear(in_features=84, out_features=10, bias=True)
  )
)
```

图 9.7　LeNet-5网络输出结果

9.2　AlexNet网络模型

本节介绍一种更深、性能更好的神经网络模型——AlexNet网络模型。

9.2.1 AlexNet网络简介

AlexNet是Alex在2012年提出的一种深层的卷积网络结构模型,它不仅让Alex赢得了当年图像识别大赛的冠军,而且还引发了新一轮神经网络的应用热潮,使得卷积神经网络成为图像分类领域的核心算法模型。AlexNet网络模型一共分为八层,包括五个卷积层和三个全连接层,每一个卷积层中包含激励函数ReLU及局部响应归一化(Local Response Normalization,LRN)处理,然后再经过池化层处理,最后通过全连接层输出分类结果。

9.2.2 AlexNet网络结构

AlexNet网络的层数比LeNet-5网络多,系统十分庞大,原文中的结构如图9.8所示。

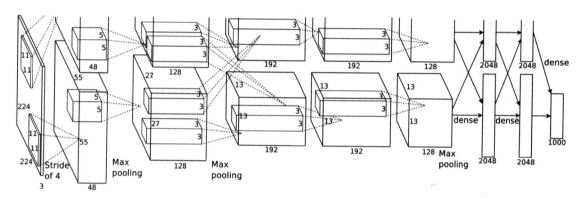

图9.8　Alex在它的论文原文*ImageNet Classification with Deep Convolutional Neural Networks*中
所展示的AlexNet的网络结构

从图9.8中可以清晰地看出,输入层的尺寸是$224 \times 224 \times 3$。其实,如果通过式(9.1)进行计算就会发现,尺寸设置为$227 \times 227 \times 3$会更加合理。基于这一点,本小节所讲的AlexNet的网络结构以$227 \times 227 \times 3$为准。

本小节总结的AlexNet网络结构如表9.1所示。

表9.1　AlexNet网络结构

层	尺寸	参数
input	$227 \times 227 \times 3$	
Conv1	$55 \times 55 \times 96$	Kernel $=11 \times 11$, Stride $= 4$
Pool1	$27 \times 27 \times 96$	Kernel $=3 \times 3$, Stride $= 2$, Max-Pooling
Conv2	$27 \times 27 \times 256$	Kernel $=5 \times 5$, Same convolution

层	尺寸	参数
Pool2	$13 \times 13 \times 256$	Kernel $=3 \times 3$, Stride $= 2$, Max-Pooling
Conv3	$13 \times 13 \times 384$	Kernel $=3 \times 3$, Same convolution
Conv4	$13 \times 13 \times 384$	Kernel $=3 \times 3$, Same convolution
Conv5	$13 \times 13 \times 256$	Kernel $=3 \times 3$, Same convolution
Pool3	$6 \times 6 \times 256$	Kernel $=3 \times 3$, Stride $= 2$, Max-Pooling
FC1	9216,4096	
FC2	4096,4096	
Softmax	4096,1000	Output $= 1000$

注意:图9.8所示的网络结构其实是基于两个GPU上的结构,所以所有的参数都是对半分开的;而表9.1则是将网络结构看成一个整体。

从表9.1中可以看到一些AlexNet网络与众不同的地方。例如,卷积层后面不一定要连接池化层,AlexNet网络就采用了多个卷积层连续进行卷积,而其中Same convolution表示进行Same卷积。Same卷积就是一种处理后特征图的尺寸不变的卷积(通道数可能改变)。实际上,AlexNet网络还采用了一种新的结构——局部响应归一化层,但是在后来的研究中人们逐渐发现,局部响应归一化层的效果并不是很好,所以现在基本不再使用。

表9.1最后的输出层还采用了Softmax分类器,最终输出1000种分类。由于Softmax分类器的优势及网络的良好特性,训练好的AlexNet模型不仅能区分出图像内容是否为猫,甚至还能区分出猫的品种。

AlexNet网络让人们看到了深度学习在计算机视觉领域运用的可能性,所以在某种程度上来说,它开创了深度学习与计算机视觉融合的时代。

9.2.3　Same卷积

从表9.1中可以看到,有些卷积核采用了Same卷积的方法。通过这一特殊的卷积方法处理之后,图像的长和宽并没有发现变化。本小节将详细讲解这一卷积方法的具体实现过程。

Same卷积本质上仍是一种普通卷积,它的计算公式依然参照式(9.1)。下面来看一个具体的例子。

假如现在有一幅尺寸为10×10的图像,然后用卷积核尺寸为3×3、步长为1的过滤器进行处理,同时把padding设置为1,即在图像的周围加上一个宽度为1的边界。那么,根据式(9.1),会得到如

下计算式:

$$o = \frac{(10 - 3 + 2 \times 1)}{1} + 1 = 9 + 1 = 10$$

这个计算式说明,输出图像的尺寸依然是 10×10,这就是 Same 卷积。其具体过程如图 9.9 所示。

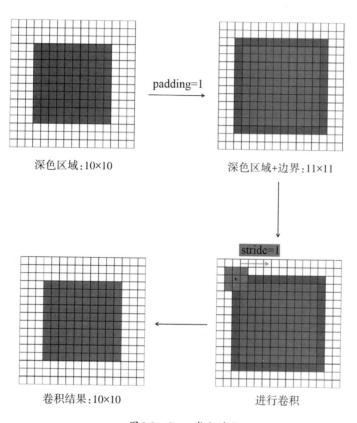

图 9.9 Same 卷积过程

将这一卷积过程结合 9.1.4 小节介绍的多维卷积过程,就可以实现 AlexNet 中的 Same 卷积过程。这种卷积的好处在于,并没有在卷积之后缩小图像尺寸,也没有放过原图像中的任何一个信息进行卷积,所以提取出的特征图会更加完整。所以,当构建属于自己的卷积神经网络时,在合适的时候采取 Same 卷积方法,可能会带来很好的性能,且代码十分简单,只需按照 Same 卷积的要求设置相应参数即可,如代码 9-1 所示。

代码 9-1 利用 nn 包构建采用 Same 卷积的卷积层

```
self.conv1 = nn.Sequential(
    nn.Conv2d(
            in_channels=1,
            out_channels=6,
            kernel_size=3,
```

```
            stride=1,   # 步长一定要设置为1
            padding=1   # padding设置为1就实现了加边界
            ),
    nn.ReLU(),
    nn.MaxPool2d(kernel_size=2)
            )
```

9.2.4 Softmax 分类器

AlexNet 网络模型的最后一层采用了 Softmax 分类器,用来得到 1000 种分类的各自可能的概率。Softmax 是 Sigmoid 二分类上的推广,其只需要对数据进行两步处理:首先利用指数函数将多分类的结果映射到零到正无穷,然后采取归一化方法得到结果映射的相应概率。

假设现在需要对输出进行 n 种分类,那么该输出经过 Softmax 分类器之后就会得到 n 个概率,如下:

$$P_i = \frac{e^{f_i}}{\sum_j e^{f_j}} \tag{9.2}$$

式 (9.2) 很好地体现了 Softmax 的本质,分子代表处理的第一步——利用指数函数将多分类的结果映射到零到正无穷;而分母代表把所有的结果相加,对分子进行归一化。

为了更好地理解 Softmax 的具体计算过程,下面来看这样的一个例子。假设网络需要输出一个三分类的结果,在一次训练过程中,网络输出了 $[12 \quad 26 \quad -9]$ 这样一个行向量,经过 Softmax 分类器的计算过程如下:

$$\sum_3 e^{f_3} = e^{12} + e^{26} + e^{-9} \approx 1.957 \times 10^{11}$$

$$P_1 = \frac{e^{12}}{e^{12} + e^{26} + e^{-9}} \approx 8.315 \times 10^{-7}$$

$$P_2 = \frac{e^{26}}{e^{12} + e^{26} + e^{-9}} \approx 0.9999$$

$$P_3 = \frac{e^{-9}}{e^{12} + e^{26} + e^{-9}} \approx 6.305 \times 10^{-16}$$

从上面的例子中可以看出,P_2 最接近 1,表示第二种分类的可能性极大,已经接近 100%,所以我们可以认为网络输出的分类结果为第二种分类。

AlexNet 中最后输出 1000 种分类,即使每个输出的大小不同,但是经过 Softmax 分类器之后,输出的范围都回到了 0~1,这也是采用 Softmax 的好处之一。

9.2.5　AlexNet代码实现

在了解了AlexNet的细节以后,本小节就可以动手搭建一个AlexNet网络模型了。用PyTorch搭建AlexNet本质上来说和搭建LeNet-5模型没有太大区别,只是AlexNet的网络更深、结构更复杂。AlexNet搭建过程如代码9-2所示。

代码9-2　用PyTorch搭建AlexNet网络模型

```python
import torch.nn as nn

class AlexNet(nn.Module):
    def __init__(self):
        super(AlexNet, self).__init__()
        self.feature_extraction = nn.Sequential(
            nn.Conv2d(in_channels=3, out_channels=96, kernel_size=11, stride=4,
                    padding=2, bias=False),
            nn.ReLU(inplace=True),
            nn.MaxPool2d(kernel_size=3, stride=2, padding=0),
            nn.Conv2d(in_channels=96, out_channels=192, kernel_size=5, stride=1,
                    padding=2, bias=False),
            nn.ReLU(inplace=True),
            nn.MaxPool2d(kernel_size=3, stride=2, padding=0),
            nn.Conv2d(in_channels=192, out_channels=384, kernel_size=3, stride=1,
                    padding=1, bias=False),
            nn.ReLU(inplace=True),
            nn.Conv2d(in_channels=384, out_channels=256, kernel_size=3, stride=1,
                    padding=1, bias=False),
            nn.ReLU(inplace=True),
            nn.Conv2d(in_channels=256, out_channels=256, kernel_size=3, stride=1,
                    padding=1, bias=False),
            nn.ReLU(inplace=True),
            nn.MaxPool2d(kernel_size=3, stride=2, padding=0),
        )
        self.classifier = nn.Sequential(
            nn.Dropout(p=0.5),
            nn.Linear(in_features=256*6*6, out_features=4096),
            nn.ReLU(inplace=True),
            nn.Dropout(p=0.5),
            nn.Linear(in_features=4096, out_features=4096),
            nn.ReLU(inplace=True),
            nn.Linear(in_features=4096, out_features=1000),
            nn.Softmax(dim=1)
        )

    def forward(self, x):
        x = self.feature_extraction(x)
        x = x.view(x.size(0), 256*6*6)
        x = self.classifier(x)
```

```
        return x
net = AlexNet()
print(net)
```

在代码9-2中,在搭建卷积层时,在Conv2d()函数中设置了bias参数为False,这是因为没有必要在卷积时加上偏置值,这样做的好处还在于可以节省内存。另一个节省内存的技巧就是在调用ReLU函数时设置inplace的参数为True,该参数表示是否每次对向量进行激活时都要覆盖之前的值。很显然,如果设置了覆盖操作,那么就表示不用再开辟新的内存空间去储存新产生的向量值。

9.3　VGG16网络模型

9.3.1　VGG16网络简介

VGG16网络模型是由Simonyan和Zisserman在2014年提出的一种结构简单的深层卷积神经网络模型。该模型曾在2014年的ImageNet图像识别和定位挑战赛中取得了识别组第二名、定位组第一名的优异成绩。VGG16网络因其规整简单的结构吸引了很多研究学者的目光,在现在的许多分类和定位任务中依然可以见到它的身影。

9.3.2　VGG16网络结构

虽然VGG16网络的系统十分庞大,需要训练的参数极多,但是其结构十分规整简单,如图9.10所示。

仔细观察VGG16的结构,会发现许多比较有意思的规律。例如,每一次卷积的卷积核的个数都是上一次卷积的卷积核个数的2倍,直到最后卷积核的个数达到了512,可能该网络的作者觉得不能再多下去了,于是又做了一次卷积核个数为512的卷积。每层卷积层都采用了Same卷积,图像的尺寸不发生改变,而提取的特征却在增多。每个卷积核其实都采用了3×3的尺寸,直观来说,相比AlexNet,VGG16提取特征会更加细致,也就决定了它更加出色的性能。同样地,VGG16也在最后输出采用了Softmax分类器,这使得VGG16在处理图像分类问题时同样可以得心应手。

从图9.10所示结构中还可以看出,卷积层加上全连接层的个数一共是16,这也刚好是VGG16名称的来源。

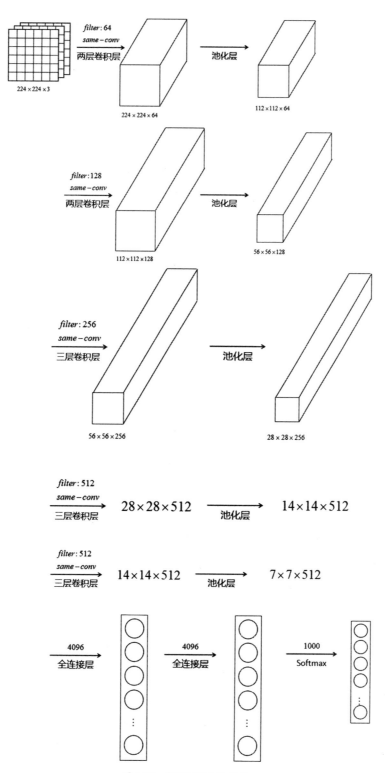

图 9.10　VGG16 网络结构

9.4 小结

本章详细讲述了三种非常经典的卷积神经网络模型,从结构简单的LeNet-5到复杂且深度较大的AlexNet,再到结构规整简单的VGG16,每个网络都有其各自的特点。学完本章后,读者应该能够回答以下问题:

(1)LeNet-5、AlexNet、VGG16网络模型各有什么特点?

(2)多维卷积是如何工作的?

(3)Same卷积的原理是什么? 有什么特点?

(4)Softmax分类器的原理是什么? 有什么特点?

第 10 章

实战3：验证码识别问题

　　本章将进行本书的最后一次实战。在本次实战中，将会尝试利用神经网络解决一个网络上经常会遇到的问题——验证码识别问题。本章将使用Python搭建神经网络并训练，使其能够识别出验证码图片中的字符。同样地，本次实战最重要的并不是最后的实现结果，而是整个解决问题的过程和思考的过程。

本章主要涉及的知识点

- ⬥ 验证码问题实战思路。
- ⬥ 验证码识别问题实战程序。

10.1 实战目标

在正式进行本次实战之前,需要首先了解实战的目标。本次实战目标是训练出一个神经网络,让它能够自动识别出验证码图像中的内容,最后返回一个字符串结果。

10.1.1 目标分析

验证码识别问题如图10.1所示,从宏观层面上来说,其也属于计算机视觉领域的问题。在日常网络生活中,在进行某些平台或网站的注册或登录时,总会遇到不同形式的验证码,只有正确地填入图像中的验证码才能顺利完成我们希望的操作。我们识别验证码的方式就是通过眼睛获取验证码图像,然后通过大脑分析得到最终结果。

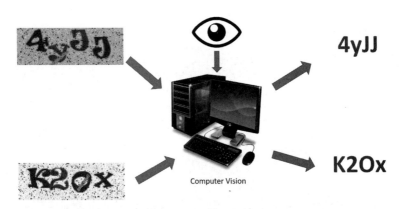

Computer Vision

图10.1 验证码识别问题

验证码本身是作为一种反攻击的有效手段而存在的。近几年,随着人工智能领域的发展,作为平台护盾的验证码图像也在不断更新换代,越来越复杂。最初的验证码仅仅由数字组成,而后加入了大写字母、小写字母,现在通常还会给验证码填上不同程度的噪声和不同的颜色,这就让计算机识别验证码变得越来越困难,因为这些噪声往往很难消除。从这一方面来看,验证码识别又是一个图像处理方面的问题。

但是,在最近几年,随着人工智能的快速发展及神经网络的不断改进,人们逐渐发现神经网络远比我们原来想象的要强大,只要训练集或测试集选取合适,前期的图像处理工作可以通过,训练有素的神经网络在识别一些连人眼都很难分辨的验证码图像时也表现出了令人惊奇的性能。

回到本书所讲的内容,验证码识别也属于一个分类问题。验证码中可能会出现数字、大写字母和小写字母,那么就需要分62个类别,每个类别分别代表一个数字或字母。本节实战目标就是要体验这样一个验证码识别项目开发的详细过程,最终模拟一个验证码识别器。

10.1.2　生成样本集

要进行一个验证码识别的项目，一般需要拿到一个验证码样本集，该样本集中的每个样本都会有所不同，但是总体特征是趋于一致的。为了简化前期图像处理过程，突出本书重点，本小节将不会采用其他一些网站上的验证码样本集，因为真实运用在网站上的验证码一般会比较复杂，噪声和干扰比较多，前期处理十分复杂，这会远远超出本书的范畴。所以，这里编写一个简单的程序来生成一些比较简单的验证码样本，用于实战训练。

生成一个验证码图像是一个"无中生有"的过程，需要一步一步画出想要的图像，这在Python中可以通过PIL（Python Imaging Library）模块实现。PIL是一个Python中标准的图像处理库，它默认集成在Python 3.7中，读者可以通过conda list命令或pip list命令查看库列表中是否有pillow，也就是PIL模块。

生成验证码样本集时，需要用到下面四个模块：

```
from PIL import Image              # 导入PIL模块中的Image模块
from PIL import ImageDraw          # 导入PIL模块中的ImageDraw模块
from PIL import ImageFont          # 导入PIL模块中的ImageFont模块
import random                      # 导入random模块
```

Image模块是PIL库中的一个与图像对象操作有关的模块。要想创建新的图像对象，可以使用其中的new()接口，格式如下：

```
image = Image.new(颜色模式, 尺寸, 颜色)
```

其中，三个参数并不是new()接口的所有参数，但是是比较常用的参数。例如，当创建一个验证码图像对象时，可以这样写：

```
image = Image.new('RGB', (120, 30), 'white')
```

运行完这行代码之后，就创建了一个图像对象，颜色模式是RGB，宽和高分别是120和30，颜色是白色。简单来说，这里只是利用new()接口来创建了一个空白背景。

ImageDraw模块是PIL库中一个与画图操作有关的模块。要想对一个图像对象进行画图操作，可以将图像对象传入ImageDraw中的Draw()接口。例如：

```
# 将Image对象传入draw对象中，准备画图
draw = ImageDraw.Draw(image)

# 设置字体
font = ImageFont.truetype("JOKERMAN.ttf", size=25)

# 写入随机字符串，参数是定位、字符串、颜色、字体
draw.text(定位, 随机字符串, 颜色, font=font(字体))
```

首先将之前创建的image对象传入draw对象中，然后利用ImageFont.truetype()接口创建一个字体（ttf字体文件需要在同一个文件夹目录下），之后就可以利用draw对象中的text()接口绘制字符了。在绘制字符时，还要利用random函数产生随机字符。生成样本集的完整程序如代码10-1所示。

代码10-1　生成样本集程序

```python
from PIL import Image                    # 导入PIL模块中的Image模块
from PIL import ImageDraw                # 导入PIL模块中的ImageDraw模块
from PIL import ImageFont                # 导入PIL模块中的ImageFont模块
import random                            # 导入random模块


def getStr():                            # 获取随机字符串
    random_num = str(random.randint(0, 9))            # 随机数字
    random_low_alpha = chr(random.randint(97, 122))   # 随机小写字母
    random_upper_alpha = chr(random.randint(65, 90))  # 随机大写字母
    random_char = random.choice([random_num, random_low_alpha, random_upper_alpha])
                                         # 随机选择一种字符

    return random_char                   # 返回选择的字符


if __name__ == '__main__':
    m = 5   # 生成的样本数量
    for i in range(1000):
        # 创建一幅图像,参数分别是RGB模式、宽100、高30、白色
        image = Image.new('RGB', (120, 30), 'white')

        # 将Image对象传入draw对象中,准备画图
        draw = ImageDraw.Draw(image)

        # 读取一个font字体对象,参数是ttf的字体文件的目录及字体的大小
        font = ImageFont.truetype("JOKERMAN.ttf", size=25)

        random_str = ['']                # 创建空列表,存储生成的字符
        for j in range(4):               # 循环五次,获取五个随机字符串
            random_char = getStr()       # 获得随机生成的字符
            random_str.append(random_char)  # 添加到之前创建的空列表中

            # 在图像上一次写入得到的随机字符串,参数是定位、字符串、颜色、字体
            draw.text((5 + j * 30, -4), random_char, 'green', font=font)

        string = ''.join(random_str)
                        # 将列表中存储生成的字符拼接成字符串,用于后面保存文件时命名

        # 保存为PNG格式的图像
        image.save(f'./sample/{i}_{string}.png')

        print('\r' + f'当前第{i+1}个', end=' ', flush=True)   # 动态显示生成过程
    print('生成成功!')
```

在定义的getStr()函数中,利用random.randint产生随机整数,str将0～9数字强制转换成字符类型;chr()函数的作用是将ASCII码值强制转换成对应的字符,a～z对应ASCII码97～122,A～Z对应ASCII码65～90,所以我们产生一个随机数就会产生一个数字或字母。在主程序中,利用for循环产生四个字符,然后利用draw.text()将四个字符画在image对象中,其中定位的坐标第一个数字代表横坐

标,第二个数字代表纵坐标,如图10.2所示。

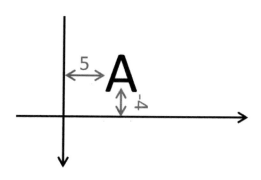

图10.2   draw.text()定位坐标示例

该程序运行结束后会产生1000个样本,如图10.3所示,运行结果如下:

当前第**1000**个 生成成功!

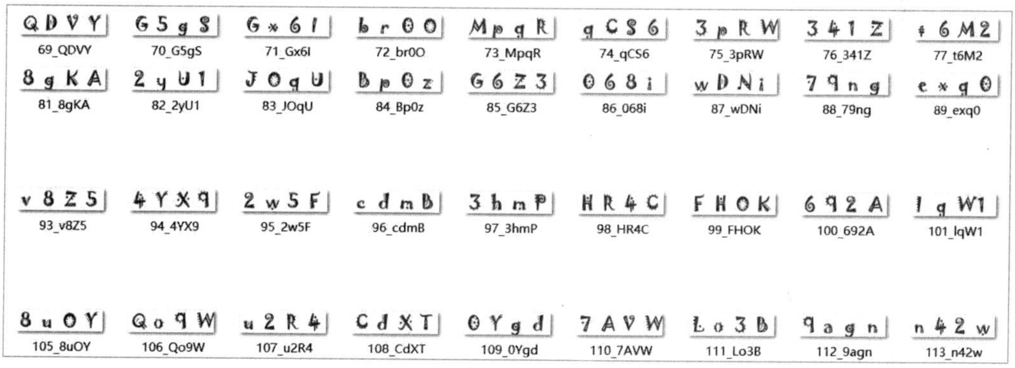

图10.3   生成的验证码样本(部分)

接下来即可利用生成的样本来训练和测试网络,分出训练集来对网络进行训练,测试集来对网络进行测试。

10.2 实现思路

明确了目标之后,本节讨论具体的实现思路及步骤,通过对目标的进一步思考,一步一步完成每个相关程序的实现,最终实现识别验证码的终极目标。同8.2节一样,本节只讨论思路,也会讨论代码的一些相关问题,但不会涉及非常具体的代码实现。希望读者在阅读完本节后,能在脑海中形成一个思路,可以在查看标准代码之前先自己尝试编写每个部分的程序。

10.2.1　构建样本集

与实战2不同的是,本次实战构建训练集之前需要先将图像进行预处理,分割出每个字符样本,用该字符样本进行训练。首先手动将样本集分为两个部分,即训练集和测试集,分别存在两个不同的文件夹中,如图10.4所示。这里选择前700张图像作为训练集,后300张图像作为测试集。

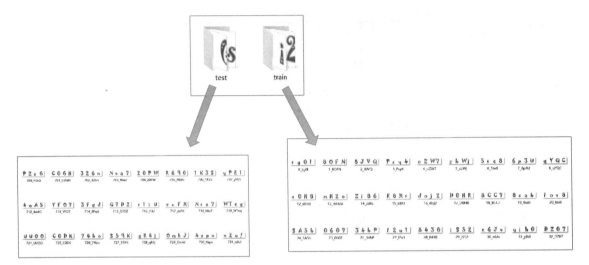

图10.4　手动分文件夹

接下来编写一个程序来对训练集中的样本进行分割,并且分别保存成新的样本。分割样本的思路很简单,需要先对图像进行灰度化处理,然后进行二值化处理,其中二值化处理的接口在cv2模块中。例如:

```
thresh1, img_bin = cv.threshold(img_gray, 200, 255, cv.THRESH_BINARY_INV) # 转换成二值图
```

thresh1用来存储二值化的有关参数,用于反二值化;img_bin接收img_gray二值化之后的二值图;参数200代表灰度值超过200的像素都会被置为255;参数cv.THRESH_BINARY_INV代表二值化的模式,读者可以自行试验其他二值化的模式。将图像二值化以后,就可以对其进行分割。由于样本十分简单,因此可以直接利用矩阵的下标来进行分割,如图10.5所示。

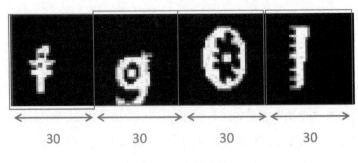

图10.5　分割字符

该分割的实现很简单,只需要一个循环,然后利用对下标的有关操作即可。例如：

```
for i in range(4):                                    # 获取分割
    cut_result[i, :, :] = img[:, i*30:i*30+30]
```

img是二值化之后的样本；cut_result是用来存放分割之后字符的三维矩阵,尺寸为 $4 \times 30 \times 30$。

这里要利用cut_result中的数据来创建相应的文件夹,并且把样本存入相应的文件夹中。把每个字符都存入一个文件夹,文件夹的名称就用对应的字符命名。这里需要注意的是,在给文件夹命名时系统不会区分大小写字母,所以可以先判断字符,如果是小写字母,就在后面添加一个0或其他字符。创建文件夹时使用os模块,读者可以尝试自己构思来实现这一过程。

最后采用与8.1节相同的构造样本集的方法来构造训练集,并把它们存入一个.npy文件中,方便训练时调用。需要注意的是,这里不把测试集构造成.npy文件,因为在进行测试时会有其他的处理方法。之所以构造训练集,是因为如果不构造直接训练,程序就会运行很长时间来实现训练集的构造,如果想要重新训练,每次都需要花费重新构造训练集的时间。当然,如果读者仍不理解,可以提前查阅10.3节中的完整程序。

10.2.2　构建网络

在训练之前,需要先构建好网络。本次实战仍采用一个单独的文件来存放网络结构,这次采用的网络结构与8.2节中的网络结构有所不同,如图10.6所示。

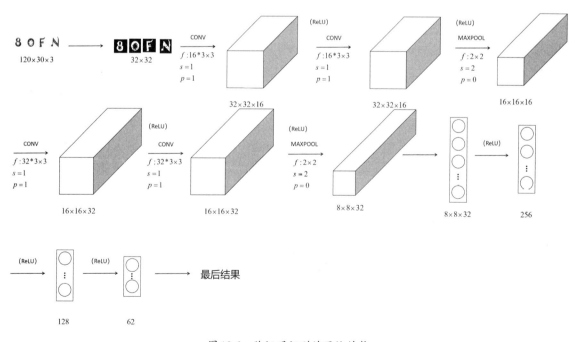

图10.6　验证码识别的网络结构

该网络结构相比猫狗识别的网络结构更加复杂,但其实质上还是两个卷积层附加一个池化层,只不过做卷积的卷积核的数量增加了。该网络在训练时每次只输入一个字符的图像,输入之前应该将图像的尺寸调整到规定输入尺寸32×32,经过卷积神经网络结构之后得到8×8×32的特征图,最后经过一个全连接网络直接输出结果,并不用通过Softmax层(这里不用Softmax的原因在后面的训练过程中会再强调)。

构建的网络最后有62个输出,分别对应62个字符,采用独热编码,0～9代表数字,10～35代表小写字母,36～62代表大写字母。在卷积层和全连接层过渡的地方,仍然要采用view()接口来展开特征图。

在设计网络时,一定不能脱离实际问题而单独设计。例如,在猫狗识别的实战中,设计的网络的输入通道数为3,这是因为要想识别猫和狗,颜色也是一个不容忽视的特征,所以最好让三个通道的数据全部输入网络;而在本节的验证码识别问题中,已经将所有的颜色信息全都剔除,只留下了二值图,这是因为要想识别一个字符,与字符的颜色并没有关系,所以这次设计的网络的输入只有一个通道,不具有颜色信息。

10.2.3　训练网络

构建好网络之后,即可开始训练网络。在这里读者可能会遇到一个问题,那就是在之前构造样本集时,每个单独的字符样本的数量不是相同的,有多有少,这时应该怎么处理呢?

此时可以看一下每个字符文件夹中有多少个样本,然后使用一个最低值构建样本,这样试出来的值如果不报错就说明可以使用。这样做的缺点是浪费样本,因为采用最低值,当构建的样本足够时,就不会再往里添加,有一些样本也就不能被用作训练。但是,这种方法在样本数量特别多时,其缺点几乎可以忽略。因为这里着重演示整个项目的实现过程,所以也采用这种方法。这里选取每个字符样本中的前20个进行构建,即构建完成之后传入网络中的训练集的数量是20×62 = 1240个。

由于样本数量比较少,因此在训练时可以不必采用iterations循环,而直接使用epoch循环;每次不用分小批次进行训练,而是将所有样本输入网络。当然,采取直接在每个epoch周期中将全部样本送入网络中训练的方式,如果在代码已经检查不出错误时运行程序却仍然报错,那么不妨将自己的训练方式改为小批次训练,并可以仿照上一次的实战进行修改。

本次训练网络代码与猫狗识别网络训练代码相似,唯一不同的是,在这里采用Adam优化算法,如下:

```
optimizer = torch.optim.Adam(cnn.parameters(), lr=0.001)
```

这里的学习率可以设置也可以不设置,因为Adam优化算法可以自动调节学习率,非常适用于本次实战。而经实践证明,如果采用Adam算法的同时采用Softmax对最后的输出进行处理,网络的训练将变得十分困难,这也是为什么在10.2.2小节中网络的最后没有添加Softmax。

训练完成后保存网络,方便测试和实际运用。

10.2.4 测试网络

获得一个训练好的验证码识别网络之后，即可用训练集来测试它的性能。细心的读者应该会发现，在之前构造样本集时并没有构造测试集，那该怎么进行测试呢？其实，测试集已经被存到了一个文件夹下，只需要采用之前的遍历文件夹的方法遍历每个文件即可完成测试。

测试思路如下：用一个for循环遍历测试集文件夹中的每个文件，遍历采用os模块进行。在遍历到一个文件时，首先对它进行预处理，包括灰度化、二值化和分割处理，处理完之后把处理结果存放在一个三维矩阵中，再加载之前训练好的网络，将该三维矩阵传入网络即可得到最后的结果。输入三维矩阵和输入四张字符样本等同，所以最后会得到四个分类结果。

虽然这里没有采用Softmax，但是最后的结果仍然可以使用torch.max()接口进行处理，返回的每一行最大元素的下标就是最后的分类结果。

10.3 完整程序及运行结果

10.2节详细地讨论了本次实战的每一部分程序的整体思路，本节将给出比较标准的完整程序代码及其运行过程和结果。

10.3.1 验证码分割程序

10.1.2小节已经详细讨论了如何生成一个简单的验证码样本集，该样本集十分简单，背景颜色统一为白色，字符颜色统一为绿色，每个字符之间的距离也相等，排列十分规律。10.2.1小节也已经讨论了验证码分割程序的思路，完整程序如代码10-2所示。

代码10-2　验证码分割程序

```python
import cv2 as cv                                    # 导入cv2模块
import os                                           # 导入os模块
import numpy as np                                  # 导入numpy模块


def cut_apart(img):                                 # 切割函数
    cut_result = np.zeros(30*30*4, dtype='uint8')
    cut_result = np.reshape(cut_result, (4, 30, 30))  # 新建空白数组,存储切割结果
    for i in range(4):                              # 获取分割
        cut_result[i, :, :] = img[:, i*30:i*30+30]
    return cut_result                               # 返回分割结果数组
```

```python
def save_apart(path, m):                                        # 保存分割结果函数
    filenames = os.listdir(path)                                # 读取每个文件的文件名
    for i in range(m):                                          # 遍历所有样本
        img = cv.imread(f'{path}/{filenames[i]}')               # 读取样本
        img_gray = cv.cvtColor(img, cv.COLOR_BGR2GRAY)          # 转成灰度图
        thresh1, img_bin = cv.threshold(img_gray, 200, 255, cv.THRESH_BINARY_INV)
                                                                # 转换成二值图
        cut_result = cut_apart(img_bin)                         # 开始切割

        # 存到相应的文件夹中
        for j in range(4):
            path1 = f'./sample/train_seg/{filenames[i][-8 + j]}'
            img_seg = cut_result[j, :, :]
            s = filenames[i][-8 + j]

            if (ord(s) >= 97) & (ord(s) <= 122):                # 判断是否为小写字母
                path1 = f'./sample/train_seg/{filenames[i][-8 + j]}0'
                                        # 在小写字母后面加0,以和大写字母区分

            if os.path.exists(path1):  # 判断路径是否存在,若存在即保存到相应的文件夹
                cv.imwrite(f'{path1}/{filenames[i][-8 + j]}_{i}.png', img_seg)
            else:
                os.mkdir(path1)                 # 路径不存在,则新建文件夹之后再存入
                cv.imwrite(f'{path1}/{filenames[i][-8 + j]}_{i}.png', img_seg)
        print('\r' + f'当前第{i+1}个', end=' ', flush=True)  # 动态显示分割过程


if __name__ == '__main__':                      # 主程序
    path = './sample/train'                     # 要分割验证码的文件夹的路径
    m = 700                                     # 样本数量
    if os.path.exists(path):                    # 判断路径是否存在
        save_apart(path, m)                     # 保存分割函数

    else:
        print(f'路径{path}不存在')
```

该程序一共有三个部分:主程序、切割函数及保存分割结果函数。切割函数的作用是接收一个验证码图像的二值图,返回一个cut_result矩阵,其尺寸为$4 \times 30 \times 30$,存放四个切割结果。保存分割结果函数的作用是将分割结果保存下来,它接收的是路径和样本数量,路径即为训练集所在的路径,保存分割结果函数会利用这个路径遍历所有文件,然后反复调用切割函数对样本进行切割,最后根据名称将样本保存到相应的文件夹中,如果文件夹不存在就重新创建。这里需要注意的是,在执行保存分割结果函数时需要调用切割函数,所以切割函数应该在保存分割结果函数之前定义。

该程序的运行结果是在相应的train_seg文件夹中创建每个字符的单独文件夹,并把切割结果存入相应的文件夹中,如图10.7所示。

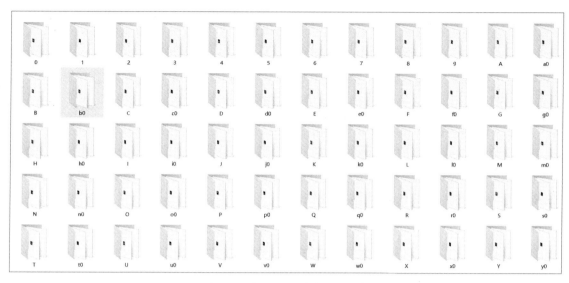

图10.7　代码10-2创建的文件夹

10.3.2　构建训练集程序

10.2.1小节已经解释了为什么要将所有训练集的单独样本数据存入一个 .npy 文件中及为什么要这样构造训练集。本小节就来介绍其具体实现。构建训练集的完整程序如代码10-3所示。

代码10-3　构建训练集程序

```python
import cv2 as cv                              # 导入OpenCV模块
import numpy as np                           # 导入numpy模块
import os                                     # 导入os模块


if __name__ == '__main__':                    # 主程序
    m = 20                                    # 单个字符的样本数量
    x = np.zeros(62*m*1*32*32)
    x = np.reshape(x, (62*m, 1, 32, 32))      # 构造四维矩阵
    n = 0
    for label in range(62):                   # 区分不同的字符来遍历所有字符文件夹
        if label < 10:
            label0 = label
        elif (label >= 10) & (label < 36):
            label0 = chr(label + 55)
        elif label >= 36:
            label0 = chr(label + 61) + '0'    # 如果是小写字母,就在末尾加0
        filenames = os.listdir(f'./sample/train_seg/{label0}')
                                              # 获得对应字符文件夹中的所有文件名

        for i in range(m):                    # 处理文件夹中的字符文件
```

```
            img = cv.imread(f'./sample/train_seg/{label0}/{filenames[i]}')  # 读取样本
            img = cv.cvtColor(img, cv.COLOR_BGR2GRAY)          # 灰度化处理
            img = cv.resize(img, (32, 32))                     # 调整到网络输入规定的尺寸
            img = np.reshape(img, (1, 32, 32))                 # 调整为三维矩阵,1为通道数
            x[n] = img/255                                     # 简单归一化处理
            n += 1
    np.save('train_set.npy', x)                                # 保存为 .npy 文件
    print('生成成功')
```

本程序直接完成以往在训练时需要完成的调整样本尺寸为网络规定的尺寸、简单归一化处理等操作,这将会大大减少重复运行训练程序的时间。保存的 .npy 文件的存储样本的结构如图10.8所示,它是按数字、大写字母、小写字母的顺序进行存储的。

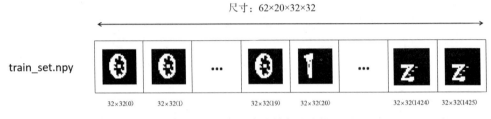

图 10.8　train_set 存储样本的结构

代码10-3成功运行以后会生成一个名为 train_set 的 .npy 文件,在 PyCharm 集成环境下显示的运行结果如下:

生成成功

10.3.3　构建网络程序

10.2.2小节已经详细地讨论了本次实战所采用的网络结构,如图10.6所示。本次的网络结构更深、更强大,但是实现起来并不复杂,仍使用类来存放网络的结构及参数,并且将该类存入一个单独的 .py 文件中,方便反复调用。在构建网络时只需要抓住一个关键点,即输入的尺寸为 32 × 32,输出的数量为62。构建网络的完整程序如代码10-4所示。

代码10-4　识别验证码的网络模型

```
import torch.nn as nn                          # 导入torch.nn模块


class CNN(nn.Module):                          # 创建类
    def __init__(self):
        super(CNN, self).__init__()
        self.conv = nn.Sequential(             # 卷积网络
            nn.Conv2d(in_channels=1, out_channels=16, kernel_size=3, stride=1,
                      padding=1),              # ->(16, 32, 32)
            nn.ReLU(inplace=True),
            nn.Conv2d(in_channels=16, out_channels=16, kernel_size=3, stride=1,
```

```
                    padding=1),            # ->(16, 32, 32)
            nn.ReLU(inplace=True),
            nn.MaxPool2d(kernel_size=2),   # (16, 16, 16)

            nn.Conv2d(in_channels=16, out_channels=32, kernel_size=3, stride=1,
                    padding=1),            # ->(32, 16, 16)
            nn.ReLU(inplace=True),
            nn.Conv2d(in_channels=32, out_channels=32, kernel_size=3, stride=1,
                    padding=1),            # ->(32, 16, 16)
            nn.ReLU(inplace=True),
            nn.MaxPool2d(kernel_size=2),   # (32, 8, 8)
        )
        self.out = nn.Sequential(          # 全连接网络
            nn.Linear(32 * 8 * 8, 256),
            nn.ReLU(inplace=True),
            nn.Linear(256, 128),
            nn.ReLU(inplace=True),
            nn.Linear(128, 62)
        )

    def forward(self, x):                  # 前向传播函数
        x = self.conv(x)
        x = x.view(x.size(0), -1)          # 特征图展开成一维
        output = self.out(x)
        return output
```

在代码 10-4 中,我们采用了一种简化的方式来书写池化层参数,只写了池化层核的尺寸为 2×2,并没有书写步长,但是这样写的结果仍然是正确的,输入池化层的尺寸依然会是输出的2倍。换句话说,下面两行代码是完全等价的:

```
nn.MaxPool2d(kernel_size=2)
nn.MaxPool2d(kernel_size=2, stride=2, padding=0)
```

这是因为 MaxPool2d() 接口的默认参数的步长为2,边界为0。这一点与 Conv2d() 接口不同,Conv2d() 接口的默认步长为1。正是因为 MaxPool2d() 的这个特性,所以在书写池化层参数时可以做这样的简化。

10.3.4 训练网络程序

10.2.3 小节已经分析了编写训练网络程序的思路,并且剖析了如何在每个字符样本数量不同时构建网络的输入样本。本小节将重新理清思路,给出训练网络的完整程序,如代码 10-5 所示。

代码 10-5 识别验证码的卷积神经网络训练程序

```
from net_model import CNN               # 导入网络模型
import torch                            # 导入 torch 模块
import torch.nn as nn                   # 导入 torch.nn 模块
import numpy as np                      # 导入 np 模块

cnn = CNN().cuda()                       # 加载网络结构并传入 GPU
```

```
for epoch in range(1000):
    m = 20                                          # 每个字符的样本数
    x = np.load('train_set.npy')                    # 加载训练集
    x = torch.tensor(x).float().cuda()              # 转换成FloatTensor类型并传入GPU
    y = np.zeros(62*m)                              # 创建空白标签数组
    k = 0
    for i in range(62):
        for j in range(m):
            y[k] = i
            k += 1                                  # 标签赋值
    y = torch.tensor(y).long().cuda()               # 标签转化成LongTensor类型并传入GPU

    optimizer = torch.optim.Adam(cnn.parameters(), lr=0.001)     # Adam优化器
    loss_func = nn.CrossEntropyLoss()                            # 损失函数

    out = cnn(x)                                    # 输出结果
    loss = loss_func(out, y)                        # 计算loss值
    optimizer.zero_grad()                           # 清除梯度
    loss.backward()                                 # 反向传播
    optimizer.step()                                # 进行优化
    if epoch % 25 == 0:                             # 每25epoch显示
        print(f'epoch:{epoch}')
        print(loss.data)                            # 输出loss数据
        loss_cpu = loss.cpu()                       # loss值传回CPU
        if loss_cpu.data.detach().numpy() < 0.05:   # loss值小于0.05时停止训练
            break

torch.save(cnn, 'net.pkl')                          # 保存网络
```

在实战2中对结果的思考启示着我们,在这次实战中最好采用判断loss值是否小于某个极限值的方式来结束训练。这里给出的极限值是0.05,该值并不是固定的,有时通常需要反复测试才能获得一个较好的极限值。代码10-5的运行结果如下:

```
epoch:0
tensor(4.1284, device='cuda:0')
epoch:25
tensor(2.4490, device='cuda:0')
epoch:50
tensor(0.8923, device='cuda:0')
epoch:75
tensor(0.4323, device='cuda:0')
epoch:100
tensor(0.1376, device='cuda:0')
epoch:125
tensor(0.0237, device='cuda:0')
```

可以看到,采用Adam优化算法以后,loss值下降的速度变得特别快,仅仅需要125epoch就下降到了极限值以下,这说明适当地采用其他的一些优化算法有助于减少训练时间。当然,这并不是绝对的,还要具体问题具体分析。该程序运行的另一个结果是生成了一个net.pkl文件,它就是训练好的网络。

10.3.5 测试网络程序

从10.2.4小节中的分析可知，在测试网络时并不需要构建测试集，而是直接遍历测试样本所在文件夹即可。在程序开头的导入模块中，不仅要导入网络模型程序中的网络模型，还要导入代码10-2中的cut_apart()函数，用来切割训练集的样本。测试网络的完整程序如代码10-6所示。

代码10-6　识别验证码的卷积神经网络测试程序

```python
import numpy as np                              # 导入numpy模块
from net_model import CNN                       # 导入网络模型
import os                                       # 导入os模块
import cv2 as cv                                # 导入cv2模块
from string_segmentation import cut_apart       # 导入cut_part函数
import torch                                    # 导入torch模块


def discriminate(cut_result):                   # 分辨字符函数
    net = CNN().cuda()
    net = torch.load('net.pkl')                 # 读取网络
    cut_result_resize = np.zeros(4*32*32, dtype='uint8')
                                                # 新建数组，用来存放改变尺寸后的切割结果
    cut_result_resize = np.reshape(cut_result_resize, (4, 1, 32, 32))
                                                # 更改成可以输入的张量
    for i in range(4):
        cut_result_resize[i, 0, :, :] = cv.resize(cut_result[i, :, :], (32, 32))
                                                # 改变每个字符的尺寸
    x = torch.tensor(cut_result_resize).float().cuda()  # 转换成Tensor变量，传入GPU
    y = net(x)                                  # 传入网络得到结果
    return y                                    # 返回结果


if __name__ == '__main__':
    filenames = os.listdir('./sample/test')     # 读取所有测试集文件
    c_n = 0                                     # 正确数量
    for i in range(300):                        # 遍历文件循环
        img = cv.imread(f'./sample/test/{filenames[i]}')  # 读取图像
        img_gray = cv.cvtColor(img, cv.COLOR_BGR2GRAY)    # 转换为灰度图像
        thresh1, img_bin = cv.threshold(img_gray, 200, 255, cv.THRESH_BINARY_INV)
                                                # 转换成二值图
        cut_result = cut_apart(img_bin)         # 切割图像
        dis_result = discriminate(cut_result)   # 分辨字符
        string_result = [''] * 4                # 创建空白列表，存放最后转换的结果
        s = torch.max(dis_result.data, 1)[1].data  # 找到最大下标
        for j in range(4):                      # 判断下标对应的字符
            if s[j] < 10:                       # 数字
                string_result[j] = str(s[j].data.cpu().numpy())
            elif (s[j] >= 10) & (s[j] < 36):    # 大写字母
                string_result[j] = chr(s[j] + 55)
```

```
        elif s[j] >= 36:                                    # 小写字母
            string_result[j] = chr(s[j] + 61)
    if filenames[i][-8:-4] == ''.join(string_result):   # 判断结果与标签是否一致
        c_n += 1
    print('\r' + f'正在识别,当前第{i+1}个', end=' ', flush=True) # 动态显示生成过程
print('')
print(f'识别完成! 准确率为:{c_n/300}')
```

该程序由两个部分组成:主程序和分辨字符的函数。在主程序中,对所有测试集进行遍历,并且调用cut_apart()函数对图像进行切割,然后调用分辨字符函数进行分辨,最后计算了识别的准确率,计算准确率的方法与实战2中用到的方法完全一致。在分辨字符函数中,需要调用训练好的网络来对分割好的字符进行识别,返回最后的结果。该程序的运行结果如下:

```
正在识别,当前第300个
识别完成! 准确率为:0.96
```

对于验证码识别来说,96%已经是一个很高的准确率,所以可以说明网络训练得很成功,但这也从侧面反映了样本集过于简单。

不管样本集简单还是困难,测试到如此结果就代表已经成功完成了一个比较高级的神经网络项目。

10.3.6　模拟实际运用

完成了测试网络性能之后,本次实战也就基本完成了最初的目标。不过依照惯例,还需要模拟将验证码识别网络实际运用的场景。实际运用时,我们希望传给网络一张验证码图像,网络返回一个识别结果。模拟实际运用的完整程序如代码10-7所示。

代码10-7　模拟验证码识别的实际运用程序

```
import cv2 as cv                                          # 导入cv模块
from string_segmentation import cut_apart                 # 导入cut_part函数
from test import discriminate                             # 导入discriminate函数
import torch                                              # 导入torch模块

if __name__ == '__main__':                                # 主程序
    img = cv.imread('./sample/test/715_Q7DZ.png')         # 读取图像
    img_gray = cv.cvtColor(img, cv.COLOR_BGR2GRAY)        # 灰度化处理
    thresh1, img_bin = cv.threshold(img_gray, 200, 255, cv.THRESH_BINARY_INV)
                                                          # 转换成二值图
    cut_result = cut_apart(img_bin)                       # 切割图像
    dis_result = discriminate(cut_result)                 # 分辨字符
    string_result = [''] * 4                              # 创建空白列表,存放最后转换的结果
    s = torch.max(dis_result.data, 1)[1].data             # 找到最大下标
    for j in range(4):                                    # 判断下标对应的字符
        if s[j] < 10:                                     # 数字
            string_result[j] = str(s[j].data.cpu().numpy())
        elif (s[j] >= 10) & (s[j] < 36):                  # 大写字母
```

```
            string_result[j] = chr(s[j] + 55)
        elif s[j] >= 36:                        # 小写字母
            string_result[j] = chr(s[j] + 61)
    ss = ''.join(string_result)                 # 拼接成字符串
    print(f'验证码为:{ss}')                       # 输出最后结果
    cv.imshow('yzm', img)                        # 显示所识别的图像
    cv.waitKey(0)                                # 定格显示
```

代码10-7调用了之前程序中写过的cut_apart()函数及discriminate()函数,分别用来分割字符和分辨字符。但在实际运用中最好重新写这两个函数,因为如果想要调用这两个函数,就必须把这两个函数所在的文件也都引入应用场景下,而这势必会占用一定的资源空间。代码10-7的运行结果如图10.9所示。

图10.9　代码10-7的运行结果

<h1>10.4　对结果的思考</h1>

在本章的最后,再次回顾10.3节的完整程序,对一些程序最后的运行结果进行深入思考,看能否思考出一些新的问题,以及为什么会出现这些问题。完成了这些思考,会让实战更有意义。

10.4.1　训练集和测试集准确率的对比

10.3.5小节已经讨论了测试测试集准确率的完整程序,并且最后测试的准确率为96%。本小节测试训练集的准确率,只需对代码10-6进行简单的修改即可实现,修改的四行代码如下:

```
filenames = os.listdir('./sample/train')        # 更改为train文件夹
for i in range(700):                             # 300更改为700
    img = cv.imread(f'./sample/train/{filenames[i]}')   # test改为train
    print(f'识别完成! 准确率为:{c_n/700}')          # 300更改为700
```

修改好程序后,其运行结果就是训练集的准确率,如下:

```
正在识别,当前第700个
识别完成! 准确率为:0.9614285714285714
```

从运行结果来看,训练集和测试集的准确率几乎相同。这说明这次网络训练得特别好,因为训练集和测试集准确率基本相同是一种比较理想的状态。

10.4.2 识别错误的原因

通过测试程序的运行结果只能看到一个准确率,并不能了解到中间的具体识别过程。那么,如果想要了解识别错误的原因,应该怎么做呢? 本小节就对测试程序稍做修改,让它显示最后的识别错误的结果,看看哪些图像网络没有正确识别,并具体到哪个字符网络识别错误。

修改方法非常简单,只需要在前面添加一个error变量用来标记错误的数量,然后注释动态显示的部分,加上下面三行代码即可:

```
else:
    ss = ''.join(string_result)                              # 拼接字符识别结果
    error += 1
    print(f'错误{error}:正确结果为{filenames[i][-8:-4]},识别为{ss}')    # 显示错误的样本
```

else是相对于if所设置的,修改后的测试程序输出结果如下:

```
错误1:正确结果为YFO7,识别为YF07
错误2:正确结果为UUOO,识别为UU00
错误3:正确结果为OmkJ,识别为0mkJ
错误4:正确结果为zO25,识别为z025
错误5:正确结果为O2Y5,识别为02Y5
错误6:正确结果为OfnO,识别为0fn0
错误7:正确结果为jvOh,识别为jv0h
错误8:正确结果为qUqO,识别为qUq0
错误9:正确结果为QON2,识别为Q0N2
错误10:正确结果为SLON,识别为SL0N
错误11:正确结果为OO9n,识别为009n
错误12:正确结果为AO8N,识别为A08N
识别完成! 准确率为:0.96
```

从结果中可以看出,网络一共识别错了12个样本,而且错误都出在了0和O的分辨上。返回训练集分割出的样本,查看0和O,如图10.10所示。

数字0   大写字母O

图10.10 训练集中数字0和大写字母O的对比

从图10.10中可以看到，数字0和大写字母O虽然非常相似，但是仍存在很明显的区分特征，如数字0的中间有一个点来代表它是一个数字。但是，网络却不是能很好地抓住这一特征，导致每次到这里时都识别错误。这侧面反映了网络还是存在一定问题的，提取特征或学习特征时不能做到详细而准确。

这里对改进方法不再进行讨论，有兴趣的读者可以自己尝试更改一些参数或方法来重新训练这个网络，或者直接更改网络结构。

10.5 小结

本章详细讲述了一个解决验证码识别问题的神经网络实战项目的具体思路、实现程序的有关注意事项及完整的实现程序。通过这些学习相信读者一定能够感受到神经网络所带来的魅力。学完本章后，读者应该能够回答以下问题：

（1）生成验证码用到了Python环境中的哪个模块？

（2）生成image对象、生成draw对象及读取画图字体都用到了哪些接口？

（3）如何使用cv2模块对图像进行二值化？

（4）训练集和测试集准确率的理想状态是什么？

（5）大小写字母和数字的ASCII码值分别是多少？

（6）chr()和str()有什么作用？

第 11 章

优化网络

本章将系统分析关于神经网络现存的几个问题，并且讨论一些基本的解决方法。在讨论完这些优化网络的基本方法以后，还会探讨人工智能的未来发展趋势，以此来开阔读者的视野。

本章主要涉及的知识点

- 神经网络现存的问题及基本解决方法。
- 过拟合问题及基本解决方法。
- 选择神经网络每层节点数的方法。
- 加速训练的方法。
- 神经网络的未来发展趋势。

神经网络现存的几个问题

随着计算机技术的高速发展,神经网络已经展现出了其强大的能力,在图像分类、目标检测、自然语言处理等问题的解决上都展现出了极高的性能。但是,神经网络并不是一个非常完美的模型,它也存在着许多问题,并且这些问题都在束缚着它朝着更强大的方向发展。所以,认识这些问题、思考如何解决这些问题,对于学习神经网络十分重要。

11.1.1 无法真正模拟人脑

神经网络模型之所以称为神经网络,是因为它是模拟人脑的一种模型。人脑是一个极为复杂的模型,以至于至今许多生物学家依然无法穷尽人脑所有的奥秘。神经网络模型是一种简化的模拟人脑神经元连接的模型,这种简化也只是理想的说法,实际上人脑神经元的连接方式和神经网络模型的连接方式完全不同。

我们一直无法真正地模拟人脑,因此也就无法真正让计算机拥有像人脑一样的对周围环境感知的能力。对于目前神经网络比较擅长的分类问题也是如此,如图11.1所示,将一个猫的图像传入一个训练有素的神经网络中,它会轻松地分辨出这是猫的图像。但是,如果将图像倒放,即旋转180°,神经网络还能识别成功吗? 答案值得怀疑,但如果训练集样本中没有出现过猫的各种角度或翻转的样本,那么网络很难识别出倒放

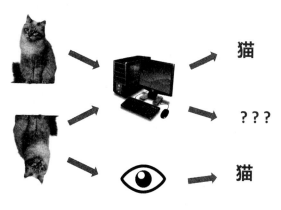

图11.1 旋转后的猫咪图像计算机可能无法识别

的猫的图像还是一只猫。人脑却不是这样的,即使只看过正放的猫,人也能识别倒放的猫的图像。

或许有读者会觉得,这是一个小问题,毕竟不是所有的猫的图像都是倒放的,因此只需要保持一定的准确率即可。的确,在该项目上这样想没有问题;但在某些关键项目上,当神经网络需要面对一些决定性的抉择时,如果连这种低级错误都可能出现,那么它的发展就是失败的。

问题出在哪里呢? 人类为什么就能成功识别出倒放的猫的图像呢? 这个问题恐怕一个人脑科学家也无法给出准确详细的解释。我们虽无法真正地了解人脑,但却十分了解人创造的计算机。我们知道,所有的图像数据在计算机中只是很多数字的组合,而神经网络在解决图像分类问题时,正是努力寻找这些数字组合中的共同特征。

基于神经网络的这个特点,可以对图11.1所面临的问题进行改进。例如,可以在训练样本中加入

不同角度的猫的图像,并且加入各种种类、毛色、大小都不同的猫的样本,这些样本越多越好。当然,这也就要求网络更深、训练的时间更长。

只有将所有的情况都教给计算机,神经网络才能很好地解决一个问题,甚至可以在解决这个问题的能力上超越人类。但是,穷尽所有的情况终究是不现实的,所以神经网络的发展要想跨过这道坎,还需要人脑科学家的继续探索及计算机科学家的不断努力。

11.1.2　大样本训练缓慢

学习神经网络的人都会存在这样一种感觉:只要训练集越多,训练出来的网络就会越强大。而实际情况是,计算机硬盘资源和内存资源都十分有限,不可能将所有样本全部传入网络中同时进行训练。小批次训练正是为了解决这个问题而产生的一种训练方法,每次只传入一小部分样本,对这一部分样本先进行训练,然后传入下一批次的样本进行同样的操作。

可以采用for循环来完成这个重复的过程,然而这个for循环本身就会消耗大量的时间。消耗时间还只是一个小问题,如果遇到不合适的样本,那么可能永远都看不到网络有收敛的趋势。实际上,这个问题现在普遍存在于各种神经网络项目中,许多在开发的神经网络项目往往需要有一个周期是专门为训练准备的,有时要完成一次训练可能会需要数周甚至超过一个月。另外,在训练过程中我们是无法对参数进行优化的,所以如果这一个训练周期失败以后,就需要重新设置参数开始下一个周期的训练。

大样本训练缓慢,也是阻碍现代人工神经网络发展最主要的问题,很多人试图通过提高计算机的硬件能力来解决这一问题,例如,使用内存更大,CPU、GPU更强的计算机进行处理。但笔者认为,这种针对计算机硬件的提高并不能从根本上解决问题。

当面对一个十分大的样本时,笔者认为首先应该考虑,究竟这些样本是否真的全部有用? 能否去除一些重复的样本? 需要保留到最后的样本应该是具有该样本集最普遍特征的样本。想要做到这一点十分不易,没有明确的标准规定哪些样本具有的特征是整个样本集最普遍的特征,我们唯一能做的就是不断地亲手实践、积累经验。不仅在样本的选择上要积累经验,还要在神经网络参数的设计上积累经验,这样才能避免多周期反复做无用功的训练,这在当前人脑奥秘未被完全认识的时代显得十分重要。

11.1.3　深度网络训练困难

样本集太大,导致硬件资源无法承担,而网络深度太大,同时也会导致硬件资源无法承担。对于一个极深度网络来说,它可能拥有数百个卷积层、池化层、全连接层,每一层的节点数也是不计其数。面对一个如此庞大的神经网络,硬件资源同样可能无法承担,即使勉强可以承担,训练起来也将十分困难。

我们知道,更新网络的参数时需要进行求导运算,即使使用优化得再好的框架,进行巨大量级的求导操作也会消耗大量的时间,并且这些求导操作还容易让网络的参数走向两个极端,这一点将会在11.1.4小节中进行详细讨论。而往往面对一个极深度神经网络时,我们可能根本不需要考虑这些,因为计算机内存根本不允许将这样一个庞大的网络层集和参数集传入其中。

要解决深度网络训练困难的问题,目前来说也只有一种方法,即增加硬件资源。采用GPU训练是提高训练速度的必胜法宝,因为GPU"天生"就是为了解决数据的运算问题而存在的。使用GPU训练的方法很简单,在PyTorch中就有简单的接口。但是,当我们计划使用GPU进行深度神经网络训练时就又发现,GPU根本存不下这么大的网络。这就又回到了资源根本无法承担的问题,目前的解决方式除了不断升级GPU以外,还要学会使用多GPU进行并行训练。可以把网络结构拆分成几部分,把不同的部分放在不同的GPU中,然后通过某种连接对GPU进行管理,让它们可以同时运行,如图11.2所示,这样就解决训练深度网络的问题了。

即使采用比较妥当的解决方法,我们仍无法忽略这个痛点,在设计网络时还是要以性价比最高

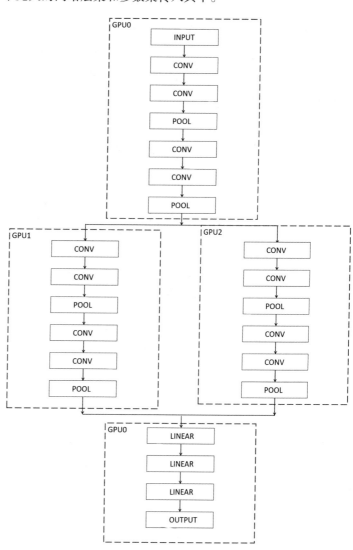

图 11.2　多 GPU 网络结构示例

的结构来设置。更深的神经网络确实能够更好地模拟人脑,但是它的巨大参数的处理还是让许多神经网络开发者望而却步,现有的深度学习框架中也还没有太多对多GPU的支持。如果自己编写一个多GPU管理的程序,可能需要具备特别深厚的专业知识背景,而这些专业知识并不像本书内容这样可以简单理解,而是需要比较高的专业素养。

综上所述,面对深度网络时,我们现在能做的就是不断地积累经验,只有不断思考才能设计出高

效的神经网络结构,而发现更加高效简洁的结构,总是要比一味地增加网络层的数量要高级得多,也要有效得多。

11.1.4 梯度消失和爆炸

深度神经网络之所以难以训练,还因为其时常会出现梯度消失和梯度爆炸的情况,使得网络的所有参数无法得到很好的优化。梯度消失是指在使用梯度下降算法优化的深度神经网络中,在最接近输入层的一个隐含层在达到一定训练次数时,梯度值变得非常小甚至消失的一种情况。梯度爆炸是指在使用梯度下降算法优化的深度神经网络中,在最接近输出层的一个隐含层在达到一定训练次数时,梯度值变得特别大的情况。

梯度消失容易发生在使用Sigmoid函数作为激活函数的深度神经网络中。Sigmoid函数之所以会造成这种情况发生,是因为Sigmoid函数求导的最大值为$\frac{1}{4}$。这一点很容易证明,由式(2.4)可知,Sigmoid函数的导数为$f(z)' = \left(\frac{1}{1+e^{-z}}\right)' = \frac{e^{-z}}{(1+e^{-z})^2}$,该函数的图像如图11.3所示。该图像是使用

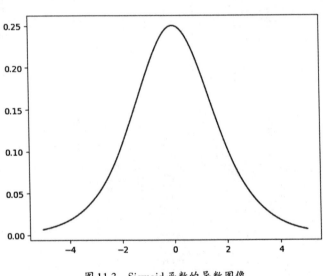

图 11.3　Sigmoid 函数的导数图像

Python 中的 matplotlib 模块绘制的,有兴趣的读者可以自己尝试绘制。从图像中可以清晰地看出 Sigmoid 函数导数的最大值。由于 Sigmoid 函数的最大值很小,所以如果再赋值给网络参数一个比较小的初值,经过层层累加,Sigmoid 函数的导数值就会变得非常小,以至于产生梯度消失的情况。因为梯度的传播过程是一个反向过程,所以梯度累积是朝着反方向进行的,这就是距离输入层近可能会出现梯度消失的原因。

梯度爆炸产生的原因和梯度消失产生的原因略有不同,它不是因为网络参数的初始赋值过小造成的,而是因为初始赋值给的太大。过大的初始权值导致网络在更新时,距离输出层最近的一层的参数更新的幅度最大,远超其他各层,导致训练到最后,该层的梯度甚至快要达到无限大的情况发生。显然,梯度爆炸现象并不一定发生在使用Sigmoid函数作为激活函数的网络中,还可以发生在使用其他激活函数的网络中,它与梯度消失一样,都容易发生在深度神经网络中。

2.3.2小节已经介绍过一种解决梯度消失的方法,即将初始权值设置在一个十分接近零的范围

内。从图11.3中也可以看出,越接近零,Sigmoid函数的梯度越大,不容易出现梯度消失的现象。通过本小节的分析,想必读者都知道了另一种防止梯度消失出现的方法,即不采用Sigmoid激活函数,而采用ReLU函数、LeakyReLU函数等替代,这样做可以直接避免梯度累积相乘产生过小的现象。消除梯度爆炸可以简单地采用控制网络参数初值大小的方式来实现,一些比较先进的结构,如LSTM、Batch Normalization等也可以对这些现象进行一定的优化。当然,设置一个对于网络特别适用的参数初值,有时是决定一个网络是否能够训练成功的关键,也可能是解决梯度不稳定问题的一把钥匙。但是,要想掌握这把钥匙,还需要我们不断地实践,从经验中找到规律来支撑我们不断前进。

笔者认为,上面提到的一些方法虽然看似有效地解决了深度学习网络中可能遇到的问题,但是仍然不得不承认,目前来说,深度网络仍然十分难以训练,无论是硬件资源还是训练方法,都没有一个特别好的规则来支撑整个体系。但是,这并不代表没有成功的案例,如经典的AlexNet,以及做目标检测的深度网络Yolo等,都是训练有素的深度学习网络。对于初学者来说,尝试复制别人的深度网络和还原学习过程是一个很好的学习方法,因此建议读者在阅读本书之后可以检索一些优秀论文来进一步地学习,以获得更多的启示。

11.1.5 白盒问题

在介绍白盒问题之前,我们先来了解一下什么是黑盒问题。"黑盒"是一种比喻,是指利用某些工具解决问题时,并不完全了解工具的内部构造,就像一个黑盒一样,我们看不到它的内部,但这并不妨碍我们使用它。神经网络也是具有黑盒属性的一种工具,我们并不了解中间的隐含层究竟做了什么、卷积层究竟提取了哪些特征、输出和全连接层的每层数据究竟有着怎样的关系。我们唯一掌握的就是输入是什么,输出是什么。从某种角度来说,黑盒问题其实也是神经网络现存的问题之一,即人们不仅没有完全掌握人脑的奥秘,而且对神经网络也并未全部了解。

本章并没有将黑盒问题作为一个单独的问题来进行讨论,是因为该问题不是真正意义上的问题。就像前面所说的,即使不了解黑盒中的内容,也能很好地利用它。黑盒在某种程度上象征着安全,而白盒就不一样了。

白盒也是一种比喻,与黑盒刚好相反,是指利用某些工具解决问题时,完全可以看到工具的内部构造,甚至可以随意更改它的内部结构,让这个工具具有与众不同的功能,如图11.4所示。

试想这样一个场景,某个企业的管理系统的一部分采用神经网络

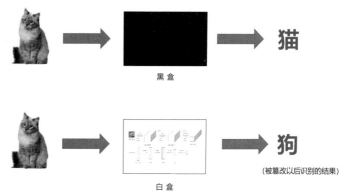

图11.4 白盒问题和黑盒问题

来设计,在实际运用时我们必须把网络的结构放在这个系统中,而如果有其他人了解到了这个网络的结构,并且通过某些手段来更改网络中的参数,这将是一件多么可怕的事情。

可能有读者会产生一个疑问,神经网络既可以是一个黑盒,又可以是一个白盒,还可能会被篡改,这不是很矛盾吗?实际上,这里说的黑盒指的是神经网络中的参数,我们可以知道这些参数具体的数值,但是其意义对于我们来说却是未知的,因此可以看成一个黑盒。而白盒指的是神经网络的整体,网络的结构就是我们设计的,我们完全可以更改这个结构;网络的参数是训练得到的,我们完全可以再进行一次训练将网络的功能进行更改,这就是我们所面对的白盒问题。

要解决白盒问题,就要做好神经网络结构的保密处理,或者将网络结构与关键主机做分隔处理,只有这样才能避免其他人对网络的恶意攻击。这个问题对于神经网络的学习者来说可以暂时不用考虑,但是如果作为一个神经网络工程师,在为某个公司开发一个庞大的神经网络系统时,这样的安全问题则必须要考虑。

 ## 过拟合问题

8.4节通过对猫狗识别训练集和测试集准确率的对比,得到了训练集准确率远远高于测试集准确率的结果,并对产生这一现象的原因进行了基本的剖析。实际上,这种训练集准确率远远高于测试集准确率的现象就是本节要讨论的过拟合问题。

11.2.1 什么是过拟合

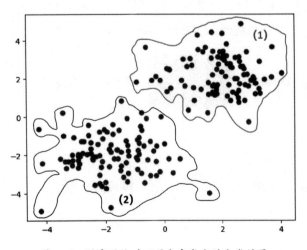

假设要使用神经网络做一个分类问题,分类的对象是两个分布在一定区域内的散点,这两种散点分别服从不同参数的正态分布。为了能够更好地对这些散点进行分类,采用了一个深度神经网络来进行特征学习,这个网络非常强大,以至于最后分类的结果如图11.5所示,服从不同正态分布的两种散点被细致地划分。图11.5所示结果看起来非常完美,这是因为采用了深度网络,它对样本的特征有特别强的提取能力。

图11.5　深度网络对不同分布散点的分类结果

但是,图 11.5 中显示的散点是训练时传入网络的样本,即训练集,如果再给出一个在训练过程中从未见过的点,即测试集的一个点,网络会如何分类呢?如图 11.6 所示,A、B、C 为三个测试集中的散点,其中 A 和 B 属于(2)分布,C 属于(1)分布。从图 11.6 中可以清楚地看出,虽然对于 B 来说可以很轻松地将其分类为(2),但 A 和 C 并不在网络学习到的特征圈中,这就意味着网络不能很好地对 A 和 C 进行分类。对于一个二分类问题,网络很可能将 C 识别为分类(2),这显然不是我们希望看到的结果。

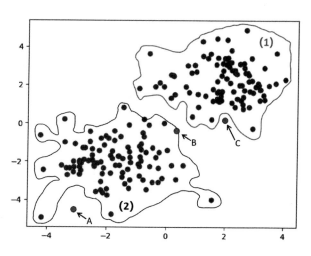

图 11.6　深度网络对散点测试集的分类结果

在网络结构特别复杂、样本数量特别有限的情况下,会产生神经网络对训练集的分类准确率远远高于测试集的现象,这种不太好的现象就称为过拟合。产生过拟合现象的根本原因有两个:

(1)网络模型过于复杂,参数较多,学习到的特征维度较大。

(2)样本数量太少,过于简单。

回顾 8.4 节,训练后的猫狗识别网络对于训练集的测试率甚至高达 100%,而测试集的准确率却只有 56.7%,这就是一个典型的过拟合问题。该问题产生的根本原因就是训练的猫狗训练集数量太少,导致网络过度学习了少量样本中的所有特征,降低了网络的泛化性。读者在今后的实践中,要善于做这样的结果对比,从对比中找出问题所在,判断是否有过拟合现象的发生。

与过拟合现象对应的一种经常发生在神经网络中的现象就是欠拟合现象,当网络发生欠拟合时,无论是训练集还是测试集,准确率都会特别低。这是因为网络模型过于简单,无法学习到样本的所有特征。

无论是过拟合还是欠拟合,都是我们在神经网络中不希望看到的现象,所以在构造样本、设计网络时,一定要认真思考,避免这些不好的现象发生。

11.2.2　解决过拟合问题的几种方法

11.2.1 小节介绍了过拟合问题,并简单分析了产生过拟合问题的根本原因,即样本太少、模型太复杂。本小节简单讨论基于这两个根本原因解决过拟合问题的几种方法。

首先,可以扩大样本数量。扩大并不是要一味地扩大,而是要保证样本的广泛性尽可能得高。如果实在难以获得更多的样本,可以通过对现有样本进行复制、添加噪声、切割旋转等方法来扩大样本数量,这样训练出来的网络才更强大,不容易产生过拟合问题。例如,对于猫狗识别实战来说,可以采用Kaggle官网上全部的数据集共两万多张图像进行训练,也可以选择其中的一部分通过旋转不同的角度或添加噪声来构建更多的样本集,这种方法造成的直接结果就是训练集的准确率不会再是100%,而测试集准确率会有所提高,两者会更加接近。

其次,面对不同的问题,要采用复杂程度不同的网络结构。如果用特别复杂的网络结构来解决特别简单的问题,很容易陷入过拟合的陷阱。所以,在设计网络时不要一味地追求更深的网络,而是要具体问题具体分析。

除了以上两种方法以外,还可以利用机器学习中常用的一种方法——正则化来防止过拟合,同时还可以控制训练时间,在合适的时间停止训练也会影响训练结果。总之,当过拟合现象出现时,要尝试利用各种方法来改进网络或样本,不断测试训练集和测试集的准确率,直到两者变得比较接近且不是特别低为止。

11.2.3　正则化

11.2.2小节提到了一种解决过拟合问题的方法——正则化,本小节就来详细讨论有关正则化的一些内容。

正则化是一个线性代数中的专业名词。读者只需要明白,正则化对于神经网络的作用只是防止过拟合现象的产生。在进行神经网络项目的开发时,进行正则化处理即表示采取防止过拟合现象产生的措施。

宽泛地来说,扩大样本集和简化网络结构都是正则化方法的一种。在机器学习中,通常采用L2正则化的方法,这里不对其做详细的公式推导,有兴趣的读者可以自行查阅有关公式。读者只需知道,L2正则化是给损失函数额外增加一个正则项,该正则项的形式为$\frac{\lambda}{2m}\|w\|_2^2$,其中$\lambda$为正则化参数,$\|w\|_2^2$为权值的L2范数的平方。简单地理解,就是如果把这一项加到损失函数中,正则化参数设置得越大,权值就会被压缩得越小,通过压缩权值的变化正好可以减少过拟合现象的发生。L2范数通常被采用在机器学习中,在神经网络中通常会采用Frobenius范数,形式可以记作$\frac{\lambda}{2m}\|w^{(l)}\|_F^2$。所以,在损失函数中添加这一项,并且设置合适的$\lambda$,就可以很好地防止过拟合现象的发生。

其实,在神经网络的实际运用中,通常不采用给损失函数添加正则化项的方法来压缩权值,而是采用另一种正则化方法——Dropout正则化。

Dropout正则化进行的操作并不针对损失函数,而是把目标直接转移到了网络结构。既然网络模型在特别复杂的情况下容易出现过拟合现象,那么就直接在训练时随机丢掉一些节点来训练剩下的节点。Dropout的一个参数便是丢掉节点的占比,如图11.7所示,有一个含有两个隐含层的神经网络,每个隐含层有四个节点,如果对每个隐含层进行50%的Dropout操作,可能会如图11.7所示最终产生一个抛弃某些节点的网络结构,该网络结构相对于初始网络结构来说更加简单。需要注意的是,图11.7所示过程的最终结果仅仅是某次训练的一个结果,每一次新的训练又会随机丢弃其他节点,所以会产生不同的结果,最终也就限制了权值不会变得特别大。

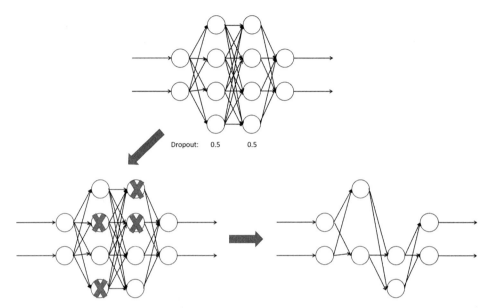

图 11.7　Dropout 正则化过程

对于不同的隐含层,可以设置不同的留存率。例如,对于节点数较多的隐含层,可以把留存率设置得低一点,让留下的节点尽可能占整层节点数的比例更小一点;而对于节点数较多的隐含层,需要将留存率设置得大一点。只有针对不同的情况具体地设置留存率,才能让 Dropout 发挥出最大的作用。

在编程时,我们可以自己写程序来实现 Frobenius 正则化,但这往往需要配合复杂的训练过程的代码。对于 Dropout 正则化,可以直接使用 torch 模块中的 nn 接口构造 Dropout 层,来决定丢弃节点的数量,格式如下:

```
nn.Dropout(p)
```

注意:上面格式成立的前提是程序中已经导入了 torch.nn 模块。

其中,p 参数是丢弃节点的比例。例如,如果想要留存率为30%,就要将 p 参数设置为0.7。

如果想要对猫狗识别的网络结构进行改进,可以在全连接网络的部分做下面的添加:

```
self.LinNet = nn.Sequential(      # nn模块搭建网络
    nn.Dropout(p=0.6),            # Dropout正则化
    nn.Linear(64*64*8, 1000),     # 全连接层
    nn.ReLU(inplace=True),        # ReLU激活函数
    nn.Dropout(p=0.4),            # Dropout正则化
    nn.Linear(1000, 1000),
    nn.ReLU(inplace=True),
    nn.Dropout(p=0.4),            # Dropout正则化
```

```
    nn.Linear(1000, 2),
    nn.Softmax(dim=1)              # Softmax分类激活函数
    )
```

但需要注意的是,在进行测试时,不能再进行Dropout操作。因为每次选择保留的节点是随机的,所以会导致测试的每一次结果都会有所不同,影响网络实际运用时的性能。这时需要在引用网络之后添加下面这行代码:

```
model.eval()                      # 不启用Dropout
```

这行代码的作用就是关闭Dropout的功能,在测试网络时需要使用网络的所有节点进行测试,所以记住要在前面写这一行代码。

11.3 怎样选择每一层的节点数目

过拟合问题产生的原因是网络结构的问题,因此设计一个结构比较好的网络结构十分重要。隐含层的节点不能设置得过多,否则会出现过拟合问题;又不能设置得过少,否则会导致网络模型过于简单而无法解决问题。本节就来讨论怎样选择每一层的节点数目。

11.3.1 输入层和输出层的节点数目

对于输入层和输出层的节点数目的设置,需要结合实际问题进行分析。对于输入层来说,如果是全连接网络,节点数就是实际面对问题可以提取出的特征数;如果含有卷积网络,输入应该是一个二维矩阵,要选择适当的尺寸固定下来。对于输出层来说,如果是分类问题,大部分是根据分的类别数量来设置节点数目。只有在二分类问题上,既可以采用独热编码设置两个节点,也可以只设置一个节点。如果是回归问题,输出就要根据具体问题的要求来确定节点数目。

11.3.2 隐含层的节点数目

隐含层的节点数目如何选择目前也是广大神经网络科学家一直在研究的。现在人们普遍认为,隐含层节点数越多,网络的性能就会越好,但是模型也就越复杂,越容易出现过拟合问题。实践经验告诉我们,应该在保证网络能够解决问题的前提下,尽可能选择节点数更少的隐含层,这样才有可能获得一个性能比较好的网络。

关于隐含层的节点数目的设置问题已经引起了许多人的关注,并且已经有人给出了一些成文的规律,这些规律大多与输入层和输出层的节点数、隐含层的层数有关。

首先介绍一个经验公式,如下:

$$h = \sqrt{i + o} + \alpha \tag{11.1}$$

式中,h 为隐含层的节点数目;i 和 o 分别为输入层和输出层的节点数目;α 为调节常数,可以设置为 1 ~ 10 的任意一个整数。

例如,假设现在有两个输入和两个输出,想要设置两个隐含层,根据经验公式,第一个隐含层的节点数可以设置为 $h_1 = \sqrt{2 + 2} + 10 = 12$,第二个隐含层的节点数可以设置为 $h_2 = \sqrt{2 + 2} + 8 = 10$。这里将调节常数分别设置为 10 和 8,当然也可以设置 1 ~ 10 以内的其他数字,只要符合经验公式,网络结构在一定情况下就是合理的。当然,具体能否发挥出网络最好的性能还需要实际操作来证实,但是该公式仍然具有很好的指导意义。

类似的公式还有很多,如果只根据输入层节点个数来设置隐含层,可以参照式(11.2)和式(11.3)来计算;同时考虑输入和输出,除了式(11.1)以外,还可以参照式(11.4)来计算。

$$h = \log_2 i \tag{11.2}$$

$$h = 2i + 1 \tag{11.3}$$

$$h = \sqrt{io} \tag{11.4}$$

目前人们总结出来的关于神经网络隐含层设置的公式不只有这四个,有些公式甚至非常复杂,有些公式甚至看不出任何道理。从这些公式中读者应该可以感受到,确定网络隐含层的最优个数并不是一件容易的事,其中充满了许多不确定性,所以在本小节最后要告诉大家一个更加便捷的确定方法,那就是借鉴。当想要完成某个项目时,可以先查找有没有这个项目的相关论文,如果已经有人完成了类似的项目,可以完全借鉴他人的网络结构来进行自己的项目开发。当然,也可以尝试继续改进他人的成果,这种方法肯定比把所有公式都试一遍要高效得多。

 11.4 如何加速训练

在之前的实战中已经采用了一些方法来加速神经网络的训练过程,本节再次回顾这些方法,对这些方法进行简单的整理归纳,并且简单讨论在什么情况下使用这些方法。

11.4.1 采用其他优化算法

在最初讨论神经网络的优化算法时,最先介绍的就是梯度下降算法,梯度下降算法也是最基本的优化算法。但在本书实战中并没有仅仅采用梯度下降算法,而是采用了随机梯度下降算法。随机梯度下降算法指的是随机分批次地将样本送入网络中进行训练优化的一种算法,这也是我们要构造小批次样本的原因。由于是分批次地送入样本,而不是像普通的梯度下降一样将所有样本一起进行梯度下降,所以训练速度会有很大的提升。

但有时即使采用了随机梯度下降,网络训练速度仍然较慢,这时通常会采用在随机梯度中加入动量的一些优化算法,Adam优化算法就是其中一个。在验证码识别的实战中就使用了Adam优化算法,它可以让网络在几百epoch内就完成训练。

对于不同的问题,能够采用的优化算法并不是唯一的,通常可以尝试不同的优化算法来进行比较,只有选出最适合项目的优化算法,才能最高效地完成网络训练。

11.4.2　采用GPU训练

GPU是一种专门进行数值运算的硬件,它对于图像等数据的处理性能远远超过CPU,所以在条件允许的情况下,一定要采用GPU进行训练。在一些极特殊的情况下,可以采用多GPU并行训练方式。在训练结束后,如果想要在CPU中进行测试,则应把网络模型先传回CPU中再进行保存。

11.4.3　设置合适的学习率

在使用随机梯度下降算法时,学习率是一个必须考虑的参数,它不仅决定了网络训练的速度,有时也会决定网络是否能成功训练收敛。在一般情况下,虽然学习率的范围可以在 $0\sim1$ 随便取值,但尽量不要把学习率设置得大于0.1。因为实践证明,在大部分神经网络项目中,大于0.1的学习率都会使网络不能很好地收敛。

如果设置了一个学习率,发现网络收敛得很慢或收敛得很快,然后在两个数值中间来回盘旋,则很有可能是学习率设置得过大或过小。此时要对学习率数值进行调整,调整时建议遵循图11.8所示的规则。也就是说,如果想从0.1往小调整,不要只调整一点点,也不要直接调整一个数量级,而是调整到0.03,如果还不合适再直接调整到0.01,依此类推;往大调整也是相同的道理。

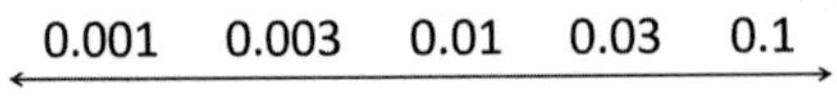

0.001　　0.003　　0.01　　0.03　　0.1

图 11.8　学习率的变化轨迹

当然,学习率的调整也并不完全按照我们总结出的规律,它和隐含层节点数一样,都是一种难以确定的参数,所以不断地实践、总结他人的经验,对于神经网络的学习者来说才是最重要的。

11.4.4　在合适的时间停止训练

在合适的时间停止训练,是在绘制训练过程曲线时得到的启示,这里我们要再次强调它的重要性。如果不能在合适的时间停止训练,不但会增加训练时间、整体项目的开发时间,更严重的情况可能是直接影响网络最后的性能。

要想找到合适的时间,就需要写好显示网络训练的中间过程的相关程序,实时监控网络训练的情况。同时,还要在中间过程就进行网络的备份,实时对网络进行保存,不要等到所有的训练过程全部结束才运行保存程序。

11.5　人工智能的未来发展趋势

通过之前讨论的一些关于网络优化的内容,相信读者会有一种感觉,即神经网络模型发展到今天仍有许多不确定的内容,许多方面还有待进一步的研究。所以在本书的最后,就来简单讨论关于人工智能的发展现状及未来发展趋势。

11.5.1　人工智能的发展现状

人工智能的发展道路是十分曲折的,科学家们克服了重重困难,使得生活在这个时代的人们能够享受到人工智能带来的缤纷世界。人工智能在当前具有广泛的应用前景及战略意义,甚至成为当今世界大国之间战略竞争的一个重要项目。

目前,专用人工智能已经取得突破性发展,某些专业领域开发的人工智能已经完全可以超越人类的能力,这与模型设计需求简单、计算并不复杂有着很大的关系。除了机器学习、神经网络等词语以外,许多新的人工智能名词也正在不断涌现出来,如强化学习、对抗学习、概率统计学习等。人工智能已经被广泛应用在机器人领域、计算机视觉、图像处理、自然语言处理等诸多方面。

目前,人工智能的确已经在许多领域超过人类,但这并不代表人工智能具有像人类一样的对周围环境的感知和认识能力。人工智能的发展似乎遇到了瓶颈,我们虽然能不断提高专用人工智能的能力,却无法创造出一种具有全面感知能力、学习能力的人工智能,这也表明人工智能取代人类的场景可能仅仅会发生在虚构的科幻电影中,永远不会成为现实。

我国在人工智能方面的发展处于世界前列,近年来各大学不断增设了人工智能有关的专业和课程,这也表明我国急需人工智能方面的人才。所以,踏入人工智能领域,无论对于自身的发展还是国家战略的需要,都是一个非常有意义的选择。

11.5.2　人工智能的发展趋势

目前,人工智能的发展仍处于起步阶段,所以必然具有无限的发展潜力。世界各国人工智能竞争已进入白热化,人工智能的影响受到社会的广泛关注,所以即使目前看似陷入了专用无意识人工智能的循环,但这并不会阻止越来越强大的人工智能被人们创造。

在未来,人工智能的商业化规模将进一步扩大,并且会在消费市场占据很大份额。而随着科学家对人脑的进一步认识及更加完善的模型被创造,基于深度学习的人工智能对周围环境的认知能力将达到人类的一般水平,即超级人工智能必然会在未来的某个时刻问世。人工智能的发展还会带动全球经济生态的改变,也许到人工智能真正充斥全球的时代,我们每个人从事的工作都会发生改变。当前的人工智能正处于从"难以实用"到"可以实用"的技术拐点,而这一拐点带来的仅仅是应用领域的变化,并不代表人工智能的实际运用已经可以取代人类。在接下来的发展过程中,人工智能将经历曲折且漫长的一个阶段,能否加速这一阶段的发展还要靠新时代的人工智能相关人才共同努力,人工智能正在朝着"真正智能"的方向发展。

11.6　小结

本章作为全书的尾章,详细讨论了一些有关优化神经网络的知识,最后对人工智能的未来发展做了一定的展望。当前正处于人工智能发展的拐点,未来还等待着我们创造。学完本章后,读者应该能够回答以下问题:

（1）神经网络现存的问题有哪些?

（2）什么是梯度消失和梯度爆炸? 怎样避免梯度消失或爆炸?

（3）什么是过拟合? 怎样避免过拟合现象发生?

（4）什么是正则化?

（5）在 PyTorch 中如何进行 Dropout 正则化? 有什么需要注意的地方?

（6）怎样设置隐含层的节点数目最合适?

（7）如何加速神经网络的训练?